房屋建筑工程质量监督标准化工作指南

主　编　代立伟　曹继锋

副主编　厉世宝　李　明　张　雷

大连出版社
DALIAN PUBLISHING HOUSE

图书在版编目（CIP）数据

房屋建筑工程质量监督标准化工作指南 / 代立伟，曹继锋主编；厉世宝，李明，张雷副主编. -- 大连：大连出版社，2025. 1. -- ISBN 978-7-5505-2309-8

Ⅰ. TU712-62

中国国家版本馆CIP数据核字第2024PQ0604号

FANGWU JIANZHU GONGCHENG ZHILIANG JIANDU BIAOZHUNHUA GONGZUO ZHINAN

房屋建筑工程质量监督标准化工作指南

出 品 人：王延生
策划编辑：金东秀　卢　锋
责任编辑：金东秀　卢　锋　李玉芝
封面设计：王天用
责任校对：王洪梅
责任印制：温天悦

出版发行者：大连出版社
地址：大连市西岗区东北路161号
邮编：116016
电话：0411-83620573 / 83620245
传真：0411-83610391
网址：http：// www.dlmpm.com
邮箱：dlcbs@dlmpm.com
印 刷 者：大连金华光彩色印刷有限公司

幅面尺寸：160 mm × 220 mm
印　　张：11.5
字　　数：160千字
出版时间：2025年1月第1版
印刷时间：2025年1月第1次印刷
书　　号：ISBN 978-7-5505-2309-8
定　　价：59.00元

编写委员会

主　编：代立伟　曹继锋

副主编：厉世宝　李　明　张　雷

编　委：席红军　于洪洋　柳　剑　马　佳　王　刚
张　磊　张汇群　李兴盛　薛永锋　习云航
黄　楠　刘诗颖　林　园　袁耀明　谢文东
魏　东　何鹏飞　李旭鹏

前 言

在建筑行业飞速发展的今天，高标准的工程质量监督与管理已成为保障人民生命财产安全的重要环节。为了深入贯彻中共中央、国务院印发的《质量强国建设纲要》中提出的推进工程质量管理标准化的指导方针，切实推进工程质量监督工作规范化发展，我们组织一线监督工作人员，精心编写了这本《房屋建筑工程质量监督标准化工作指南》。

本指南旨在为房屋建筑工程质量监督工作提供标准化、系统化的指导，以助力工程质量的持续提升和监督工作的规范化实施。全书共包括六章和十二个附录，内容涵盖了总则、工程质量监督程序及其管理相关规定、主要分部工程质量监督、工程竣工验收质量监督、形成工程质量监督报告及建立工程质量监督档案、房屋建筑工程质量监督管理疑难问题解答等。

在编写过程中，我们注重将最新的政策导向、行业规范与实践经验相结合，力求使指南内容既具有权威性，又具备实用性。我们详细阐述了工程质量监督工作中的程序、重点和方法，并对监督检查中可能遇到的常见问题提供了规范化的解决方案，以期为一线工程质量监督人员提供清晰的操作指南和决策支持。

本指南不仅适用于一线工程质量监督人员，也可帮助广大工程建设者更为系统、全面地了解工程质量监督方面的工作信息和流程，在工程建设过程和验收过程中得到必要的帮助。我们希望通过本指南的推广与应用，促进各参与方对工程质量监督的重视和理解，共同推动建筑工程质量的提升。

我们深知，工程质量监督工作是一项长期而复杂的任务，本指南的编写也仅是一个起点。我们诚挚地希望广大读者，特别是工程质量监督领域的专业人士，能够提出宝贵的意见和建议，以帮助我们不断优化和完善指南内容。

感谢所有参与《房屋建筑工程质量监督标准化工作指南》编写的同事和专家，是他们的智慧和汗水汇聚成了这本指南。我们相信，通过大家的共同努力，这本指南将为推动我国建筑工程质量监督工作的标准化、规范化发展，为建设质量强国贡献一份力量。

目　录

第一章 总 则

一、为推动房屋建筑工程质量监督标准化工作的开展，进一步规范工程质量监督检查工作，提高工程质量，制定本指南。

二、本指南适用于房屋建筑工程质量的监督检查工作。

三、本指南应与现行相关法律、法规、规章和规范标准配套使用。

第二章　工程质量监督程序及其管理相关规定

一、工程质量监督程序

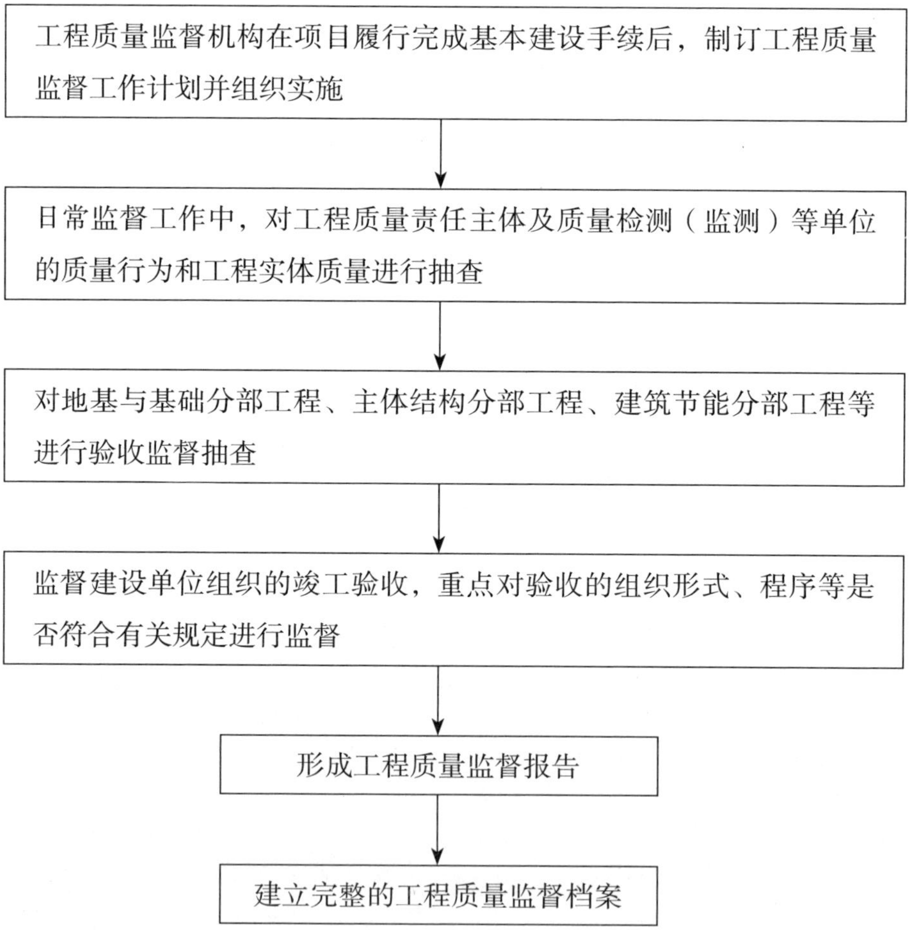

工程质量监督机构在项目履行完成基本建设手续后，制订工程质量监督工作计划并组织实施

↓

日常监督工作中，对工程质量责任主体及质量检测（监测）等单位的质量行为和工程实体质量进行抽查

↓

对地基与基础分部工程、主体结构分部工程、建筑节能分部工程等进行验收监督抽查

↓

监督建设单位组织的竣工验收，重点对验收的组织形式、程序等是否符合有关规定进行监督

↓

形成工程质量监督报告

↓

建立完整的工程质量监督档案

二、工程质量监督管理相关规定

工程质量监督管理，是指建设行政主管部门或其委托的工程质量监督机构依据有关法律、法规和工程建设强制性标准等，对工程实体质量和工程质量责任主体、质量检测（监测）等单位的质量行为采取巡查、抽查等方式实施监督。

（一）监督检查方式

1. 巡查

巡查是指建设行政主管部门或其委托的工程质量监督机构依据有关法律、法规、规章和技术标准，对本行政区域内工程质量责任主体和质量检测（监测）等单位的质量行为、工程实体质量及下级主管部门落实建设工程质量法律法规政策情况实施的不定期巡回检查活动。

2. 抽查

抽查是指建设行政主管部门或其委托的工程质量监督机构随机确定本行政区域内一个或若干个受检工程，对其工程质量责任主体质量行为及工程实体质量，或者对某一个工程中随机一项或若干项内容实施的抽样监督检查活动。主要包括日常监督检查及涉及工程结构安全、使用功能和关键部位的专项检查。

对于隐蔽工程质量的监督抽查，首先看是否已经形成此部位的档案资料，档案资料中的施工单位和监理单位人员签字是否齐全、有效，其次根据设计文件核对档案资料，最后根据设计文件和档案资料检查实体工程质量。

3. 抽测

抽测是指建设行政主管部门或其委托的工程质量监督机构利用检测

仪器、设备、工具等对建筑原材料、建筑构配件、工程实体质量等进行随机抽样检测或测量的监督检查活动。抽测工作也可通过政府购买服务的方式由具备相关资质的第三方检测机构实施。

（二）质量行为监督检查

质量行为监督，是指建设行政主管部门或其委托的工程质量监督机构对工程质量责任主体和质量检测（监测）等单位履行法定质量责任和义务的情况，采取抽查方式实施的监督检查活动。重点检查以下几个方面：

1. 建设单位质量行为

建设单位质量行为监督检查的重点：建筑工程施工许可证等基本建设手续；施工图设计审查及原设计有重大修改、变动的施工图设计文件重新报审情况；组织竣工验收等情况；形成工程竣工验收报告等情况。

2. 施工单位质量行为

施工单位质量行为监督检查的重点：质量保证体系建立情况；施工项目负责人（项目经理）、技术负责人和施工管理负责人等项目管理人员资格和到岗履职情况；相关专业工种操作上岗资格、配备及到位情况；分包单位资质及对分包单位的管理情况；按图施工、施工检（试）验、质量问题的整改和质量事故的处理等情况；工程竣工报告等情况。（建筑业企业资质标准及承揽工程范围、施工单位人员资格相关规定、施工项目经理质量违法违规行为记分标准参考附录A、附录E、附录F）

3. 监理单位质量行为

监理单位质量行为监督检查的重点：质量保证体系建立情况；项目总监理工程师和专业监理工程师等项目监理人员资格和到岗履职情况；见证取样制度的实施情况；对重点部位、关键工序实施旁站监理及平行检验情况；组织检验批、分项、分部（子分部）工程的质量验收，参与单位（子单位）工程质量验收情况；出具工程质量评估报告等情况。（工程监理企业资质标准及承揽工程范围、监理单位人员资格相关规定参考附录B、附录G）

4. 勘察、设计单位质量行为

勘察、设计单位质量行为监督检查的重点：签发设计修改变更、技术洽商情况；参加地基验槽，基础、主体结构及有关重要分部工程和工程竣工验收情况；参加有关工程质量问题和质量事故的处理等情况；工程质量检查报告等情况。（勘察、设计企业资质标准及承揽工程范围相关规定参考附录C、附录D）

5. 检测单位质量行为

检测单位质量行为监督检查的重点：是否超越核准的业务范围承接任务；是否按照有关技术标准进行检测（监测），工作成果是否符合相关要求且真实有效；是否按时上报检测（监测）不合格信息等情况。

在对质量行为进行监督检查时，应重点审查相关责任单位的资质证书及质量保证体系中相关人员的资格证件是否符合要求。

（三）施工图设计文件审查情况监督检查

1. 施工图设计文件应正式出图并签章齐全，且应经审图机构审查合格并加盖审图章。

2. 施工图设计文件如有变更，应符合相关变更及审查管理规定，及时出具设计变更单，涉及重大变更时应报送审图机构进行审查。

（四）档案资料监督检查

档案资料监督检查的主要内容包括以下几点：

1. 施工单位的施工组织设计、施工方案的编制和审批情况；监理单位的监理规划、实施细则的编制和审批情况。

2. 工程技术档案资料、监理档案资料是否根据施工图设计文件、工程实际情况如实进行编制，结合工程实际情况和施工图设计文件检查档案资料是否真实、齐全。

3. 审查档案资料中工程名称、参建单位名称等是否与基本建设手续中一致，相关人员（质量检查员、项目经理、技术负责人、专业监理工程师、总监理工程师应为该工程质量保证体系人员）签字是否齐全有效，是否存在代签现象。

4. 图纸会审记录，设计变更通知单，设计交底记录，施工日志，监理日志，旁站记录，原材料、成品、半成品、构配件质量证明文件，复验报告，施工试验报告，施工记录，质量验收记录等资料是否齐全。

5. 应提供的其他档案资料是否齐全。

（五）实体质量监督检查

实体质量监督，是指建设行政主管部门或其委托的工程质量监督机构对涉及工程结构安全、主要使用功能以及建筑节能、环保等工程实体质量及工程质量控制资料和使用安全、功能方面的检验资料，采取抽查、抽测方式实施的监督检查活动。

工程实体质量监督以抽查为主要方式，检查工程结构安全、主要使用功能及工程技术资料。对涉及工程结构安全、使用功能和关键部位的抽测项目主要应包括：钢筋等建筑材料需抽测的项目；结构混凝土强度；受力钢筋数量、位置及混凝土保护层厚度；现浇楼板厚度；主体结构检测报告；钢结构工程中需抽测的项目；安装工程中需抽测的项目；易出现工程质量通病的部位和节点。具体监督检查内容参见后续章节中关于实体质量监督检查要求的部分。

（六）问题处理方式

1. 针对监督抽查中发现的问题形成监督记录，应准确、如实记录存在的问题，对需要进行整改的问题应下发责令改正通知书；对存在基本建设手续不全或者违反强制性标准的质量问题应下发责令停工改正通知书；涉及违法违规行为的，将违法违规行为按照职权范围进行处理。所有下发的监督记录及责令改正通知书均应明确要求责任单位进行全面的自查和整改，整改完成后返整改完成报告。

2. 监督员审查相关责任单位提交的整改完成报告。整改完成报告必须对所提问题逐条进行回复，应明确具体的整改措施及重新验收合格结论。整改完成报告应经建设、施工、监理等责任单位项目负责人签字并加盖责任单位公章。

3. 监督员应对工程整改情况进行跟踪处理，并形成明确的跟踪处理意见。

（七）制订质量监督工作计划与监督交底

1. 制订质量监督工作计划

监督员结合工程实际情况，依据工程建设项目各方责任主体，设计图纸及有关文件，工程的特点、规模和技术复杂程度等，制订质量监督工作计划。质量监督工作计划履行单位审批程序并加盖单位公章后，及时送达相关参建单位。质量监督工作计划应包括以下内容：

（1）工程基本情况；

（2）监督人员；

（3）工程质量责任主体质量行为监督检查的内容和方式；

（4）工程实体质量监督检查的内容和方式；

（5）对工程竣工验收的监督内容和方式。

2. 监督交底

监督交底由质量监督组负责人主持，建设单位项目负责人组织工程参建各责任主体项目负责人参加。质量监督组负责人应详细告知该项目监督工作的方式、流程以及监督要点等内容，重点审查工程各方责任主体质量保证体系、施工组织设计和监理实施细则，在做好监督交底的同时，根据工程特点、强制性标准和设计要求对全过程质量监督要点进行布置，将可能出现的问题提前告知参建单位，并解答各参建单位提出的问题。

第三章　主要分部工程质量监督

一、地基与基础分部工程质量监督

（一）地基工程

1. 检查重点及要求

（1）档案资料方面

①签字齐全且加盖勘察、设计单位公章的地基承载力复查记录。

②需进行建筑变形观测的工程应提供观测记录等档案资料。

③砂、石子、水泥、石灰、粉煤灰、矿（钢）渣粉等掺合料、外加剂等原材料的质量证明文件及复验报告。

④检查地基承载力复查记录中地基持力层、承载力等与设计要求是否相符。

⑤各类复合地基的主控项目检查检验资料，具体包括：

A. 素土、灰土地基的地基承载力、配合比、压实系数；

B. 砂和砂石地基的地基承载力、配合比、压实系数；

C. 土工合成材料地基的地基承载力、土工合成材料强度、土工合成材料延伸率；

D. 粉煤灰地基的地基承载力、压实系数；

E. 强夯地基的地基承载力、处理后地基土的强度、变形指标；

F. 注浆地基的地基承载力、处理后地基土的强度、变形指标；

G. 预压地基的地基承载力、处理后地基土的强度、变形指标；

H. 砂石桩复合地基的复合地基承载力、桩体密实度、填料量、孔深；

I. 高压喷射注浆复合地基的复合地基承载力、单桩承载力、水泥用量、桩长、桩身强度；

J. 水泥土搅拌桩地基的复合地基承载力、单桩承载力、水泥用量、搅拌叶回转半径、桩长、桩身强度；

K. 土和灰土挤密桩复合地基的复合地基承载力、桩体填料平均压实系数、桩长；

L. 水泥粉煤灰碎石桩复合地基的复合地基承载力、单桩承载力、桩长、桩径、桩身完整性、桩身强度；

M. 夯实水泥土桩复合地基的复合地基承载力、桩体填料平均压实系数、桩长、桩身强度。

⑥各类复合地基的一般项目检查检验资料，具体包括：

A. 素土、灰土地基的石灰粒径、土料有机质含量、土颗粒粒径、含水量、分层厚度；

B. 砂和砂石地基的砂石料有机质含量、砂石料含泥量、砂石料粒径、分层厚度；

C. 土工合成材料地基的土工合成材料搭接长度、土石料有机质含量、层面平整度、分层厚度；

D. 粉煤灰地基的粉煤灰粒径、氧化铝及二氧化硅含量、烧失量、分层厚度、含水量；

E. 强夯地基的夯锤落距、夯锤质量、夯击遍数、夯击顺序、夯击击数、夯点位置、夯击范围、前后两遍间歇时间、最后两击平均夯沉量；

F. 注浆地基的原材料检验、注浆材料称量、注浆孔位、注浆孔深、注浆压力；

G.预压地基的预压荷载、固结度、沉降速率、水平位移、竖向排水位置、竖向排水体插入深度、插入塑料排水带时的回带长度、竖向排水体高出砂垫层距离、插入塑料排水带时的回带根数、砂垫层材料的含泥量；

H.砂石桩复合地基的填料的含泥量、填料的有机物含量、填料粒径、桩间土强度、桩位、桩顶标高、密实电流、留振时间、褥垫层夯填度；

I.高压喷射注浆复合地基的水胶比、钻孔位置、钻孔垂直度、桩位、桩径、桩顶标高、喷射压力、提升速度、旋转速度、褥垫层夯填度；

J.水泥土搅拌桩地基的水胶比、提升速度、下沉速度、桩位、桩顶标高、导向架垂直度、褥垫层夯填度；

K.土和灰土挤密桩复合地基的土料的有机物含量、含水量、石灰粒径、桩位、桩径、桩顶标高、垂直度、砂和碎石褥垫层夯填度、灰土垫层压实系数；

L.水泥粉煤灰碎石桩复合地基的桩位、桩顶标高、桩垂直度、混合料塌落度、混合料充盈系数、褥垫层夯填度；

M.夯实水泥土桩复合地基的土料有机质含量、含水量、土料粒径、桩位、桩径、桩顶标高、桩孔垂直度、褥垫层夯填度。

（2）实体质量方面

①天然地基验槽。

验槽应在基坑或基槽开挖至设计标高后进行，留置保护土层时其厚度不应超过100 mm；槽底应为无扰动的原状土。天然地基验槽应检验下列内容：

A.根据勘察、设计文件核对基坑的位置、平面尺寸、坑底标高；

B.根据勘察报告核对基坑底、坑边岩土体和地下水情况；

C.检查空穴、古墓、古井、暗沟、防空掩体及地下埋设物的情况，并应查明其位置、深度和性状；

D. 检查基坑底土质的扰动情况以及扰动的范围和程度；

E. 检查基坑底土质受到冰冻、干裂、受水冲刷或浸泡等扰动情况，并应查明影响范围和深度；

F. 询问、察看建筑位置是否与勘察范围相符，当采取局部验槽时，还应明确结构施工图中重要轴线的实际位置；

G. 场地是否为特别不均匀场地，勘察方是否提出需进行地基处理，设计方有无提供处理方法。

②处理后的地基验槽。

处理后的地基应进行地基承载力和变形评价、处理范围和有效加固深度内地基均匀性评价，主要包括：

A. 基坑（槽）的位置、几何尺寸、槽底标高；

B. 槽底土质类别、留置保护土层厚度等；

C. 桩位、桩头、桩间土情况；

D. 成品保护情况。

2. 常见问题规范化描述

（1）档案资料方面

①地基承载力复查记录缺少勘察、设计单位签字、盖章；

②地基承载力复查记录中地基持力层、承载力等与设计要求不符；

③监理日志未记录材料进场、试验送检、施工内容等情况，缺少关键部位或关键工序的监理旁站记录；

④施工日志与监理日志内容不一致，存在漏记情况；

⑤未按照规范和设计文件要求进行沉降观测等测量记录；

⑥各类复合地基工程的复合地基静载荷，地基土的强度、密实度、

压实度、处理深度、干密度，水泥用量，水泥浆水灰比，灌石量，单桩静载荷，桩身强度，桩身完整性，桩长，桩底标高，孔深等主控项目检测结果不合格；

⑦各类复合地基工程石灰粒径、土颗粒粒径、粉煤灰粒径、土料有机质含量、烧失量、土工合成材料搭接长度、含水量、砂垫层材料含泥量、分层厚度、固结度、垂直度等一般项目的检查检验未形成档案资料或合格率不符合要求；

⑧缺少水、水泥、碎石、外加剂等原材料的质量证明文件及复验报告。

（2）实体质量方面

①基底未清理到设计标高；

②基底岩性不满足设计要求；

③基底超挖明显，设计单位未对超挖部分提出处理意见；

④基底存在较大坡度，高差悬殊，无法满足施工要求；

⑤基底存在冰冻、干裂、受水冲刷、浸泡等扰动情况，现场未进行清理；

⑥基底机械开挖后未进行人工清理，基底土扰动明显；

⑦基底存在不均匀场地、软弱下卧层、孤石、沟槽等，设计未明确处理意见；

⑧强夯地基的夯点位置、夯击范围与设计图纸不符；

⑨土工合成材料地基的层面平整度与设计图纸不符；

⑩高压喷射注浆复合地基的钻孔位置与设计图纸不符；

⑪注浆地基的注浆孔位与设计图纸不符；

⑫砂石桩复合地基、高压喷射注浆复合地基、水泥土搅拌桩地基、土和灰土挤密桩复合地基的桩位、桩径、桩顶标高等与设计图纸不符。

（二）基础工程

1. 检查重点及要求

（1）档案资料方面

①检查地基承载力复查记录中地基持力层、承载力等与设计要求是否相符。

②需进行建筑变形观测的工程应提供观测记录等档案资料。

③桩基础检测方案。

④桩基础的档案资料，具体包括：

A. 岩土工程勘察报告、桩基施工图、图纸会审纪要、设计变更单及材料代用通知单等；

B. 经审定的施工组织设计、施工方案及执行中的变更单；

C. 桩位测量放线图，包括工程桩位线复核签证单；

D. 半成品如预制桩、钢桩等产品的合格证及出厂检验报告；

E. 施工记录及隐蔽工程验收文件；

F. 基坑挖至设计标高的基桩竣工平面图及桩顶标高图；

G. 其他必须提供的文件和记录。

⑤桩基础承载力检测报告、桩完整性检测报告、桩底基岩完整性等检测报告（基桩检测的相关要求参考附录 H《关于规范房屋建筑工程基桩检测的指导意见》）。

⑥建筑材料的质量证明文件、复验报告等，具体包括：

A. 水、水泥、砂、石子、外加剂等原材料的质量证明文件及复验报告；

B. 钢材、焊接材料、钢筋焊接或机械连接接头的质量证明文件及复验报告；

C. 商品混凝土合格证及混凝土标准养护试块、同条件养护试块、抗渗试块的试验报告；

D. 预留混凝土构件的同条件养护试块和标准养护试块组数及记录情况；

E. 砂子、混凝土氯离子含量检测报告；

F. 地下防水工程防水材料的产品合格证、产品性能检测报告等质量证明文件及材料复验报告。

⑦土壤氡浓度试验报告。

（2）实体质量方面

①桩基础检查。

A. 根据结构施工图确定现场的桩位布置及桩顶标高；

B. 桩体及其主筋埋入承台的长度是否符合设计要求；

C. 管桩与承台连接构造及填芯混凝土内配筋情况；

D. 桩基础灌注混凝土前，对已成孔的中心位置、孔深、孔径、垂直度、孔底沉渣厚度的检验情况。

②钢筋隐蔽检查。

根据经审图机构审查合格的施工图检查以下内容：

A. 不同钢筋分区域堆放情况，钢筋是否有标签或挂牌，表明品种、强度等级、直径、合格证件编号及整批数量等；

B. 检查钢筋原材外观质量是否有生锈、裂纹等现象；

C. 检查钢筋直径是否满足要求；

D. 纵向受力钢筋的数量、位置、间距和规格；

E. 箍筋的规格、间距、加密区长度及末端弯钩形式等；

F. 纵向受力钢筋的锚固长度，构件连接的处理方式和加密构造，以及两构件之间钢筋的里外、上下层关系；

G. 纵向受力钢筋搭接、焊接、机械连接的位置、外观质量、搭接长度、接头百分率；

H. 针对节点详图，重点检查构件的特殊节点。

③外观质量检查。

A. 基础和构件的尺寸偏差；

B. 基础和构件的轴线位置偏差；

C. 预埋设施和预留洞口的中心线位置；

D. 混凝土构件外观质量，是否存在一般质量缺陷或严重质量缺陷；

E. 现场是否设置混凝土标养室（箱）。

2. 常见问题规范化描述

（1）档案资料方面

①地基承载力复查记录缺少勘察、设计单位签字、盖章；

②监理日志未记录材料进场、试验送检、施工内容等情况，缺少关键部位或关键工序的监理旁站记录；

③施工日志与监理日志内容不一致，存在漏记情况；

④未按照规范和设计文件要求进行沉降观测等测量记录；

⑤未对桩底基岩完整性进行检测或检测结果不满足规范和设计要求；

⑥基桩承载力、桩身完整性检验数量、检验结果等不满足规范和设计要求；

⑦原材料合格证、出厂检验报告、复验报告等资料不齐全；

⑧钢筋复验报告不合格；

⑨缺少商品混凝土合格证及混凝土标准养护试块、同条件养护试块、抗渗试块的试验报告；

⑩混凝土和砂子氯离子含量超标准；

⑪缺少桩位测量放线图、基桩平面竣工图及桩顶标高图。

（2）实体质量方面

①现场桩位布置与施工图设计文件不符，桩位偏差大于规范允许值，

桩顶标高不满足设计要求，斜桩倾斜度的偏差大于规范允许值；

②桩孔尺寸偏差大于规范允许值；

③桩内沉渣、积水未清理干净；

④管桩与承台交接处布置的锚固钢筋直径、根数及锚固长度不足，管桩内未设置托板及预留深度不足；

⑤桩头钢筋局部未调直，预留的锚固钢筋长度不足，钢筋锈蚀严重；

⑥钢筋直径不满足标准要求；

⑦钢筋外观锈蚀、起皮、裂纹等；

⑧未按照设计要求使用抗震钢筋；

⑨钢筋的数量、位置、间距、规格等与施工图设计文件不符；

⑩箍筋加密区长度、弯折后平直段长度不足；

⑪纵向受力钢筋搭接、焊接、机械连接的位置、外观质量、搭接长度、接头百分率不符合要求；

⑫现场未预留同条件养护试块或预留试块组数不足；

⑬现场未设置混凝土标养室（箱）；

⑭混凝土构件的轴线位置、垂直度、平整度、标高、截面尺寸的偏差大于规范允许值；

⑮预埋设施和预留洞口的中心线位置的偏差大于规范允许值；

⑯混凝土构件外观质量存在一般质量缺陷或严重质量缺陷。

（三）地基与基础分部工程验收

1. 检查重点及要求

（1）档案资料方面

①地基基础验收评定书或地基基础验收报告；

②图纸审查、开工报告和设计变更单等资料；

③工程测量、定位放线记录；

④地基基础实体检测报告；

⑤原材料/构配件合格证、出厂检验报告等质量证明文件及复验报告；

⑥监测资料与监测报告；

⑦施工组织设计及专项施工方案；

⑧施工记录、隐蔽工程验收资料及施工单位自查评定报告；

⑨报给监理的施工单位申请书、工程竣工验收报审表、工程开工/复工报审表、材料/构配件/设备报验表、分部工程报验审核表、隐蔽/安全/功能检验工程报验审核表等监理档案资料。

（2）验收监督方面

①监督内容。

A. 监督地基与基础分部工程验收的组织形式；

B. 监督地基与基础分部工程验收的程序；

C. 抽查地基与基础分部工程的实体质量。

②组织形式。

在质量监督人员的监督下，由总监理工程师组织施工单位项目负责人、项目技术负责人、质量部门负责人，以及勘察、设计单位项目负责人参加地基与基础分部工程的验收，建设单位项目负责人也宜参加验收。验收组成员一起到施工现场实地察看地基与基础分部工程质量，检查完毕后各责任单位对所验收的地基与基础分部工程质量进行评议。

③验收程序。

A. 总监理工程师（建设单位项目负责人）介绍参加验收人员的资格情况，同时介绍地基与基础分部工程概况和工程资料审查情况。

B. 监理单位、施工单位分别汇报地基与基础分部工程建设过程中执行法律、法规以及工程建设强制性标准的情况，施工单位的汇报内容中应该包括监督机构责令整改问题的完成情况。

C. 验收人员实地查验工程质量并对工程实体质量进行抽测。

D. 验收人员应对地基与基础分部工程的施工质量和各个管理环节的质量行为作出评价，并分别阐明各自的验收意见，当验收意见一致时，验收人员应分别在分部工程质量验收记录上签字。

E. 监督机构应提出明确的监督验收意见，并要求工程质量责任主体对验收过程中所发现的问题积极整改，如果发现存在违反工程建设质量管理规定和强制性条文的行为，应责令工程质量责任主体整改后重新验收，并做好监督记录。

F. 当各工程质量责任主体对工程质量验收意见不一致时，应协商提出解决方案，待意见一致后，重新组织验收。

2. 常见问题规范化描述

（1）档案资料方面

①地基承载力复查记录缺少勘察、设计单位的签字、盖章；

②缺少报给监理的施工单位申请书、工程竣工验收报审表、工程开工 / 复工报审表、材料 / 构配件 / 设备报验表、分部工程报验审核表、隐蔽 / 安全 / 功能检验工程报验审核表等监理档案资料；

③未按照规范和设计文件要求进行沉降观测等测量记录；

④缺少地基基础验收评定书或地基基础验收报告；

⑤缺少桩基础检测报告或桩基础检测报告不合格；

⑥缺少地基基础实体检测报告；

⑦缺少主要建筑材料的质量证明文件及复验报告。

（2）验收监督方面

①地基与基础分部工程验收的组织形式、参加人员的资质资格不满足要求。

②地基与基础分部工程验收的程序和验收意见不满足要求。

③地基与基础分部工程存在实体质量问题，具体包括：

A. 混凝土构件的轴线位置、垂直度、平整度、标高、截面尺寸的偏差大于规范允许值；

B. 预埋设施和预留洞口的中心线位置的偏差大于规范允许值；

C. 现场回弹混凝土强度推定值不满足要求；

D. 混凝土构件外观质量存在一般质量缺陷或严重质量缺陷；

E. 其他不满足设计与规范标准要求的情况。

二、主体结构分部工程质量监督

（一）混凝土结构工程

1. 检查重点及要求

（1）档案资料方面

①需进行建筑变形观测的工程应提供观测记录等档案资料。

②建筑材料/预制构件合格证、出厂检验报告等质量证明文件及复验报告，具体包括：

A. 水、水泥、砂、石子、外加剂等原材料的质量证明文件及复验报告；

B. 砌块出厂合格证、出厂检验报告及复验报告；

C. 钢材、焊接材料、钢筋焊接或机械连接接头的质量证明文件及复验报告；

D. 商品混凝土合格证及混凝土标准养护试块、同条件养护试块、抗渗试块的试验报告；

E. 预留混凝土构件的同条件养护试块和标准养护试块组数及记录情况；

F. 砂子、混凝土氯离子含量检测报告；

G. 其他预制构件的质量证明文件及复验报告。

（2）实体质量方面

①钢筋隐蔽检查。

A. 不同钢筋分区域堆放情况，钢筋是否有标签或挂牌，表明品种、强度等级、直径、合格证件编号及整批数量等；

B. 检查钢筋原材外观质量是否有生锈、裂纹等现象；

C. 检查钢筋直径是否满足要求；

D. 梁的纵向受力钢筋的数量、位置、间距、规格、直径，纵向受力钢筋搭接、焊接、机械连接的位置、外观质量、搭接长度、接头百分率，梁的腰筋布置数量，钢筋拉钩位置和间距，箍筋的规格、间距、加密区长度及末端弯钩长度和放置的方向；

E. 板（含悬挑板）的钢筋型号、直径、间距、锚固长度等；

F. 柱受力钢筋的数量、位置、间距、规格、直径，主筋连接方式，同一截面接头百分率，箍筋的规格、直径、加密区高度、间距；

G. 梁柱结点钢筋位置情况，钢筋的锚固方式、锚固长度；

H. 剪力墙钢筋的规格、直径，竖向和水平分布钢筋内外位置，端部锚固形式，拉钩位置、数量；

I. 挡土墙钢筋的规格、直径、间距，竖向和水平分布钢筋内外位置等；

J. 垫块、马凳和定位卡子的数量和位置，钢筋保护层厚度。

②外观质量检查。

A. 构件的尺寸和轴线位置偏差；

B. 预埋设施和预留洞口的中心线位置；

C. 混凝土构件外观质量，是否存在一般质量缺陷或严重质量缺陷；

D. 现场是否设置混凝土标养室（箱）。

2. 常见问题规范化描述

（1）档案资料方面

①工程档案资料签字不齐全；

②监理日志未记录材料进场、试验送检、施工内容等情况，缺少关键部位或关键工序的监理旁站记录；

③施工日志与监理日志内容不一致，存在漏记情况；

④未按照规范和设计文件要求进行沉降观测等测量记录；

⑤原材料合格证、出厂检验报告、复验报告等资料不齐全；

⑥钢筋复验报告不合格；

⑦缺少商品混凝土合格证及混凝土标准养护试块、同条件养护试块、抗渗试块的试验报告；

⑧混凝土和砂子氯离子含量超标准。

（2）实体质量方面

①钢筋直径不满足标准要求；

②钢筋外观锈蚀、起皮、裂纹等；

③未按照设计要求使用抗震钢筋；

④现场存在钢筋代换，缺少相应设计变更；

⑤梁、板（含悬挑板）、柱、剪力墙等构件的钢筋的数量、位置、间距、规格等与规范、施工图设计文件不符；

⑥梁纵向受力钢筋搭接、焊接、机械连接的位置、外观质量、搭接长度、接头百分率不符合要求；

⑦梁底纵向钢筋漏绑，主筋间距超差；

⑧梁的腰筋数量、拉钩数量和位置不符合设计或规范要求；

⑨梁、柱（含剪力墙柱）的箍筋加密区长度、弯折后平直段长度不足；

⑩板钢筋有漏绑，钢筋骨架尺寸和间距不符合设计要求；

⑪悬挑板负弯矩受力钢筋位置偏差，位于悬挑板下部；

⑫柱子竖向钢筋电渣压力焊接头处的轴线偏移大于 1 mm、弯折角度大于 2°，四周焊包凸出钢筋表面的高度不满足验收规程要求；

⑬剪力墙竖向钢筋与横向钢筋位置错误，钢筋拉钩缺失；

⑭挡土墙竖向钢筋与横向钢筋位置错误；

⑮现场未预留同条件养护试块或预留试块组数不足；

⑯现场未设置混凝土标养室（箱）；

⑰混凝土构件的轴线位置、垂直度、平整度、标高、截面尺寸的偏差大于规范允许值；

⑱预埋设施和预留洞口的中心线位置的偏差大于规范允许值；

⑲混凝土构件外观质量存在一般质量缺陷或严重质量缺陷。

（二）装配式混凝土结构工程

装配式混凝土结构工程除满足混凝土结构工程的相关要求外，还应满足《装配式混凝土结构技术规程》（JGJ 1–2014）及《混凝土结构工程施工质量验收规范》（GB 50204–2015）中对装配式混凝土结构工程的相关规定，具体参考附录 I《装配式混凝土结构工程质量监管要点》。

（三）钢结构工程

1. 检查重点及要求

（1）档案资料方面

①钢结构施工组织设计。

②钢结构施工方案。

③检验批 / 分项工程 / 分部（子分部）工程质量验收记录，具体包括：

A. 整体垂直度和整体平面弯曲测量记录；

B. 挠度测量记录。

④钢结构施工材料合格证、出厂检验报告等质量证明文件及复验报告，具体包括：

A. 钢板（材）的合格证及复验报告；

B. 钢结构焊接材料的合格证、出厂检验报告及复验报告；

C. 钢结构连接用高强度大六角头螺栓连接副、扭剪型高强度螺栓连接副、钢网架用高强度螺栓、地脚锚栓等紧固标准件的合格证、出厂检验报告及复验报告；

D. 高强度大六角头螺栓连接副和扭剪型高强度螺栓连接副出厂时扭矩系数和紧固轴力（预拉力）的检验报告；

E. 摩擦面抗滑移检测报告、现场复验报告；

F. 焊工技术资格考试合格证书，持证焊工必须在其合格证书规定的认可范围内施焊；

G. 钢构件制作和安装之前的焊接工艺评定报告；

H. 焊缝探伤报告及设计要求的其他检测报告等；

I. 钢网架结构总拼完成后及屋面工程完成后测量的挠度值；

J. 建筑结构安全等级为一级，跨度 40 m 及以上的螺栓球节点钢网架结构，其连接高强度螺栓应进行表面硬度试验。

（2）实体质量方面

①钢结构进场材料的规格、尺寸、外观质量应符合设计及规范要求。

②检查钢结构施工所使用的计量仪器、器具等的质量和保质期限。

③安装工程施工质量检查，具体包括：

A. 根据设计要求、构件型式、连接方式、焊接方法和焊接顺序等，钢构件组装顺序是否合理；

B. 钢构件焊接拼装时坡口组对形式、尺寸是否符合设计及规范要求；

现场焊缝组对间隙允许偏差是否满足设计及规范要求；

C. 座浆垫板、地脚螺栓尺寸偏差应符合设计及规范要求，地脚螺栓的钢柱安装校准后应及时上紧螺帽并二次浇灌；

D. 主体结构的整体垂直度和整体平面弯曲允许偏差应符合设计及规范要求；

E. 吊车梁和吊车桁架是否有下挠情况。

④紧固件连接施工质量检查，具体包括：

A. 高强度螺栓摩擦面是否有油污、机械损伤；

B. 高强度螺栓配的垫圈是否随意增减；

C. 高强度螺栓不得一次拧紧，终拧后是否在 1 h 之后、48 h 之内完成施工质量检测；

D. 构件的螺栓孔不应在现场气割开扩孔，螺栓孔孔距的允许偏差是否符合相关规范要求，螺栓孔孔距的允许偏差超过规定的允许偏差时，是否采用与母材材质相匹配的焊条补焊后重新制孔；

E. 高强度螺栓节点安装验收合格后螺栓是否及时进行防腐处理。

⑤焊接施工质量检查，具体包括：

A. 施焊环境、条件是否满足工艺要求，焊道表面是否平滑无污物。

B. 焊缝外观质量是否满足相关规范标准要求，表面是否有裂纹、焊瘤等缺陷；一级、二级焊缝是否有表面气孔、夹渣、弧坑裂纹、电弧擦伤等缺陷，且一级焊缝是否有咬边、未焊满、根部收缩、接头不良等缺陷。

C. 对接焊缝及完全熔透组合焊缝、部分焊透组合焊缝、角焊缝的允许偏差应满足相关规范标准要求。

D. 现场组对焊缝检查合格后须及时进行防腐处理。

⑥网架结构施工质量检查，具体包括：

A. 焊接球节点网架焊接处是否符合设计要求，球和杆件是否有明显的机械损伤和变形。

B. 焊缝外观质量是否满足相关规范标准要求，表面是否有裂纹、焊瘤等缺陷；一级、二级焊缝是否有表面气孔、夹渣、弧坑裂纹、电弧擦伤等缺陷，且一级焊缝是否有咬边、未焊满、根部收缩、接头不良等缺陷。

C. 螺栓球节点的封板、锥头、套筒外观是否有裂纹、过烧及褶皱。

D. 钢网架结构支座定位轴线的位置、支座锚栓的规格是否符合设计要求。

⑦压型金属板施工质量检查，具体包括：压型金属板、泛水板和包角板等是否固定可靠，防腐涂料刷和密封材料敷设是否完好，连接件数量、间距是否符合设计要求和国家现行有关标准规定。

⑧涂装工程施工质量检查，具体包括：

A. 涂装前钢材表面除锈是否符合设计要求和国家现行的相关标准的规定。处理后的钢材表面是否有焊渣、焊疤、灰尘、油污、水和毛刺等。

B. 涂料、涂装遍数、涂装间隔、涂层厚度是否符合设计要求，当设计对涂层厚度无要求时，涂层干漆膜总厚度（其允许偏差为 –25 μm，每遍涂层干漆膜厚度的允许偏差为 –5 μm）: 室外是否小于 150 μm，室内是否小于 125 μm。

C. 防火涂料涂装前钢材表面除锈及防锈底漆涂装是否符合设计要求和国家现行有关标准的规定。每使用 100 t 或不足 100 t 薄举重型防火涂料是否抽检一次粘结强度；每使用 500 t 或不足 500 t 厚涂型防火涂料是否抽检一次粘结强度和抗压强度。

D. 膨胀型（超薄型、薄涂型）防火涂料的涂层厚度是否符合有关耐火极限的设计要求。厚涂型防火涂料的涂层厚度，80% 及以上面积是否符合有关耐火极限的设计要求，且最薄处厚度是否低于设计要求的 85%。

2. 常见问题规范化描述

（1）档案资料方面

①缺少建筑材料 / 预制构件合格证、出厂检验报告等质量证明文件及复验报告；

②监理日志未记录材料进场、试验送检、施工内容等情况，缺少关键部位或关键工序的监理旁站记录；

③施工日志与监理日志内容不一致，存在漏记情况；

④钢结构专项施工方案内容不完整，缺少针对性；

⑤缺少摩擦面抗滑移检测报告、现场复验报告；

⑥缺少有效的焊工考试合格证书；

⑦缺少钢结构焊接工艺评定报告；

⑧缺少有资质的检测机构出具的焊缝探伤报告。

（2）实体质量方面

①钢结构材料的规格、型号、性能不符合施工图设计文件要求，实物相应尺寸、外观质量不符合相应规范标准要求。

②钢结构工程施工质量的验收，未采用经计量检定、校准合格的计量器具，或计量器具超出保质期。

③安装工程施工质量检查，具体包括：

A. 钢构件组装顺序、构件型式、连接方式、焊接方法和焊接顺序等不符合设计要求；

B. 钢构件焊接拼装时坡口组对形式、尺寸不符合设计及规范要求；现场焊缝组对间隙允许偏差不满足设计及规范要求；

C. 座浆垫板、地脚螺栓尺寸偏差不符合设计及规范要求，地脚螺栓的钢柱安装校准后未及时上紧螺帽并二次浇灌；

D. 主体结构的整体垂直度和整体平面弯曲允许偏差不符合设计及规

范要求；

E. 吊车梁和吊车桁架存在下挠等质量问题。

④紧固件连接施工质量检查，具体包括：

A. 高强度螺栓摩擦面有油污或机械损伤；

B. 高强度螺栓配的垫圈数量不符合设计或相关规范要求；

C. 高强度螺栓现场一次拧紧，终拧后未在规定时间内进行扭矩检查；

D. 构件的螺栓孔现场随意气割开扩孔，且螺栓孔孔距的允许偏差不符合相关规范要求；

E. 高强度螺栓节点安装后螺栓未进行防腐处理。

⑤焊接施工质量检查，具体包括：

A. 焊道表面有污物未清理；

B. 焊缝外观质量不满足相关规范标准要求，表面有裂纹、焊瘤、气孔、夹渣、弧坑裂纹、电弧擦伤、咬边、未焊满、根部收缩等缺陷；

C. 对接焊缝及完全熔透组合焊缝、部分焊透组合焊缝、角焊缝的允许偏差不满足相关规范标准要求；

D. 现场组对焊缝检查合格后未及时进行防腐处理。

⑥网架结构施工质量检查，具体包括：

A. 焊接球节点网架焊接处有明显的机械损伤和变形；

B. 焊缝外观质量不满足相关规范标准要求，表面有裂纹、焊瘤、气孔、夹渣、弧坑裂纹、电弧擦伤、咬边、未焊满、根部收缩等缺陷；

C. 螺栓球节点的封板、锥头、套筒外观有裂纹、过烧及褶皱；

D. 螺栓球节点钢网架结构，其连接高强度螺栓有裂纹或损伤。

⑦压型金属板施工质量检查，具体包括：

压型金属板、泛水板和包角板等未固定可靠，防腐涂料刷和密封材料未敷设好，连接件数量、间距不符合设计要求。

⑧涂装工程施工质量检查，具体包括：

A. 涂装前钢材表面未除锈或处理后的钢材表面有焊渣、焊疤、灰尘、油污、水和毛刺等；

B. 涂层干漆膜厚度允许偏差不满足设计及规范要求；

C. 膨胀型（超薄型、薄涂型）防火涂料的涂层厚度不符合设计要求，厚涂型防火涂料的涂层厚度不符合有关耐火极限的设计要求，且最薄处厚度低于设计要求的 85%。

（四）填充墙砌体工程

1. 检查重点及要求

（1）档案资料方面

建筑材料 / 预制构件合格证、出厂检验报告等质量证明文件及复验报告，具体包括：

①水、水泥、砂、石子、外加剂等原材料的质量证明文件及复验报告；

②砌块出厂合格证、出厂检验报告等质量证明文件及复验报告；

③钢筋的质量证明文件及复验报告；

④加强网的合格证、出厂检验报告等质量证明文件及复验报告；

⑤商品混凝土合格证及混凝土标准养护试块、同条件养护试块、抗渗试块的试验报告；

⑥商品砂浆合格证、砂浆标准养护试块抗压强度试验报告；

⑦胶粘剂的质量证明文件及复验报告；

⑧植筋轴向受拉承载力检测报告。

（2）实体质量方面

①检查砌体灰缝的饱满度；

②检查砌体留槎、接槎是否满足要求；

③卫生间墙下是否按要求设置混凝土翻边；

④检查砌体的完整性；

⑤检查砌体砌筑质量；

⑥检查砌体与现浇混凝土结构的连接情况；

⑦检查拉结筋、水平系梁、构造柱、过梁等设置情况。

2. 常见问题规范化描述

（1）档案资料方面

①缺少建筑材料 / 预制构件合格证、出厂检验报告等质量证明文件及复验报告；

②工程档案资料签字不齐全；

③监理日志未记录材料进场、试验送检、施工内容等情况，缺少关键部位或关键工序的监理旁站记录；

④施工日志与监理日志内容不一致，存在漏记情况。

（2）实体质量方面

①砌体灰缝不饱满；

②砌体破损；

③砌体留槎或接槎位置、形式不满足规范要求；

④砌体砌筑质量不满足规范要求（如存在通缝、透明缝、瞎缝、混砌等问题）；

⑤砌体与现浇混凝土结构的连接缝隙过大，砌体顶部未顶紧，端头及交接部位无处理措施；

⑥卫生间墙下未做混凝土翻边；

⑦墙长大于 5 m 未按规范要求设置拉结措施，墙长大于 8 m 或墙长大于层高的 2 倍未按规范要求设置构造柱，墙高大于 4 m 未按规范要求设置水平系梁；

⑧植筋松动，植筋长度或数量不足。

（五）主体结构分部工程验收

1. 检查重点及要求

（1）档案资料方面

①主体工程验收报告或主体结构验收评定书；

②图纸审查、开工报告（基础和主体共同验收的情况下）和设计变更单等资料；

③主体结构实体检测资料；

④原材料/构配件合格证、出厂检验报告等质量证明文件及复验报告；

⑤监测资料与监测报告；

⑥施工记录、隐蔽工程验收资料及施工单位自查评定报告；

⑦报给监理的施工单位申请书、工程竣工验收报审表、工程开工/复工报审表、材料/构配件/设备报验表、分部工程报验审核表、隐蔽/安全/功能检验工程报验审核表等监理档案资料；

⑧建筑工程五方责任主体授权书、承诺书；

⑨其他档案资料。

（2）验收监督方面

①监督内容。

A. 监督主体结构分部工程验收的组织形式；

B. 监督主体结构分部工程验收的程序；

C. 抽查主体结构分部工程的实体质量。

②组织形式。

在质量监督人员的监督下，由总监理工程师组织施工单位项目负责人、项目技术负责人、质量部门负责人，以及设计单位项目负责人参加主体结构分部工程的验收，建设单位项目负责人也宜参加验收。验收组成员一起到施工现场实地察看主体结构分部工程质量，检查完毕后各责任单位对所验收的主体结构分部工程质量进行评议。

③验收程序。

A. 总监理工程师（建设单位项目负责人）介绍参加验收人员的资格情况，同时介绍主体结构分部工程概况和工程资料审查情况。

B. 监理单位、施工单位分别汇报主体结构分部工程建设过程中执行法律、法规以及工程建设强制性标准的情况，施工单位的汇报内容中应该包括监督机构责令整改问题的完成情况。

C. 参加验收人员实地查验工程质量并对工程实体质量进行抽测。

D. 验收人员应对主体结构分部工程的施工质量和各个管理环节的质量行为作出评价，并分别阐明各自的验收意见，当验收意见一致时，验收人员应分别在分部工程质量验收记录上签字。

E. 监督机构应提出明确的监督验收意见，并要求各工程质量责任主体对验收过程中所发现的问题积极整改，如果发现存在违反工程建设质量管理规定和强制性条文的行为，应责令相关工程质量责任主体整改后重新验收，并做好监督记录。

F. 当各工程质量责任主体对工程质量验收意见不一致时，应协商提出解决方案，待意见一致后，重新组织验收。

2. 常见问题规范化描述

（1）档案资料方面

①缺少主体结构实体检测报告，或主体结构实体检测有不合格事项，未经设计复核，或复核后不满足设计要求，未采取满足设计条件的其他处理方式；

②工程档案资料签字不齐全；

③未按照规范和设计文件要求进行沉降观测等测量记录；

④缺少主体工程验收报告或主体结构验收评定书；

⑤缺少主要建筑材料的合格证、出厂检验报告、复验报告；

⑥缺少墙体植筋抗拔承载力的现场抽样检验报告；

⑦缺少报给监理的施工单位申请书、工程竣工验收报审表、工程开工/复工报审表、材料/构配件/设备报验表、分部工程报验审核表、隐蔽/安全/功能检验工程报验审核表等监理档案资料。

（2）验收监督方面

①主体结构分部工程验收的组织形式、参加人员的资质资格不满足要求。

②主体结构分部工程验收的程序和验收意见不满足要求。

③主体结构分部工程存在实体质量问题，具体包括：

A. 砌体破损，砌体灰缝不饱满，存在通缝、透明缝、瞎缝、混砌等问题；

B. 墙体表面平整度的允许偏差不满足规范要求；

C. 不同材料基体交接表面未布置加强网；

D. 砌体预留洞口处的留槎、接槎，压墙钢筋不满足规范要求；

E. 砌体与现浇混凝土结构的连接缝隙过大，砌体顶部未顶紧，端头及交接部位无处理措施；

F. 墙长大于 5 m 未按规范要求设置拉结措施，墙长大于 8 m 或墙长大于层高的 2 倍未按规范要求设置构造柱，墙高大于 4 m 未按规范要求设置水平系梁，超过 300 mm 洞口未设置过梁；

G. 卫生间墙下未做混凝土翻边；

H. 窗台未按设计要求做窗台压顶；

I. 混凝土构件的轴线位置、垂直度、平整度、标高、截面尺寸的偏差大于规范允许值；

J. 预埋设施和预留洞口的中心线位置的偏差大于规范允许值；

K. 现场回弹混凝土强度推定值不满足要求；

L. 混凝土构件外观质量存在一般质量缺陷或严重质量缺陷；

M. 吊车梁和吊车桁架存在下挠等质量问题；

N. 高强度螺栓摩擦面有油污或机械损伤，高强度螺栓节点安装后螺栓未进行防腐处理，高强度螺栓配的垫圈数量不符合设计或相关规范要求；

O. 焊道表面有污物未清理，焊缝未做防腐处理，焊缝外观质量有裂纹、焊瘤、气孔、夹渣、弧坑裂纹、电弧擦伤、咬边、未焊满、根部收缩等缺陷；

P. 焊接球节点网架焊接处有明显的机械损伤和变形；

Q. 螺栓球节点的封板、锥头、套筒外观有裂纹、过烧及褶皱；

R. 螺栓球节点钢网架结构，其连接高强度螺栓有裂纹或损伤；

S. 压型金属板、泛水板和包角板等未固定可靠，防腐涂料刷和密封材料未敷设好，连接件数量、间距不符合设计要求；

T. 其他不满足设计与规范标准要求的情况。

三、建筑装饰装修分部工程质量监督

（一）幕墙工程

1. 检查重点及要求

（1）档案资料方面

①幕墙工程设计应提供完整的施工图，设计深度应满足施工要求，并应提供建筑设计单位对幕墙工程设计的确认文件。

②幕墙工程所用各种材料、构件、组件、紧固件及其他附件的产品合格证书、性能检测报告、进场验收记录和复验报告。

A. 进行复验的材料及其性能指标包括：

a. 铝塑复合板的剥离强度；

b. 石材、瓷板、陶板、微晶玻璃板、木纤维板、纤维水泥板和石材蜂窝板的抗弯强度，严寒、寒冷地区石材、瓷板、陶板、纤维水泥板和石材蜂窝板的抗冻性，室内用花岗石的放射性；

c. 幕墙用结构胶的邵氏硬度、标准条件拉伸粘结强度、相容性试验、剥离粘结性试验，石材用密封胶的污染性；

d. 中空玻璃的密封性能；

e. 防火、保温材料的燃烧性能（不燃材料除外）；

f. 铝材、钢材主受力杆件的抗拉强度。

B. 针对幕墙（含采光顶）节能工程，进行复验的材料及其性能指标还包括：

a. 保温隔热材料的导热系数或热阻、密度、吸水率；

b. 幕墙玻璃的可见光透射比、传热系数、遮阳系数；

c. 隔热型材的抗拉强度、抗剪强度；

d. 透光、半透光遮阳材料的太阳光透射比、太阳光反射比。

其中没有特殊要求的玻璃是不必要复验的，如透明玻璃的遮阳系数、可见光透射比，单片玻璃的传热系数等。

③封闭式幕墙的气密性能、水密性能、抗风压性能及层间变形性能检验报告。

对于应用高度不超过 24 m，且总面积不超过 300 m^2 的建筑幕墙产品，可采用同类产品的型式试验结果，但型式试验结果必须满足：

A. 型式试验样品能够代表该幕墙产品；

B. 型式试验样品性能指标不低于该幕墙的性能指标。

④后置埋件和槽式预埋件的现场拉拔力检验报告。

（2）实体质量方面

①对下列项目进行重点检查，核查现场实物是否与设计文件或规范要求相符：预埋件或后置埋件、锚栓及连接件；构件的连接节点；幕墙四周、幕墙内表面与主体结构之间的封堵；伸缩缝、沉降缝、防震缝及墙面转角节点；隐框玻璃板块的固定；幕墙防雷连接节点；幕墙保温、防火、隔烟节点；单元式幕墙的封口节点。

②针对幕墙节能工程还要对下列项目进行重点检查：保温材料厚度和保温材料的固定；幕墙周边与墙体、屋面、地面的接缝处保温、密封构造；构造缝、结构缝处的幕墙构造；隔气层；热桥部位、断热节点；单元式幕墙板块间的接缝构造；凝结水收集和排放构造；幕墙的通风换气装置；遮阳构件的锚固和连接。

③幕墙及其连接件应具有足够的承载力、刚度和相对于主体结构的位移能力。当幕墙构架立柱的连接金属角码与其他连接件采用螺栓连接时，应有防松动措施。不同金属材料接触时应采用绝缘垫片分隔。

④幕墙与主体结构的连接应牢固可靠，与主体结构的连接锚固件不应直接设置在填充砌体中。幕墙与主体结构连接的各种预埋件，其数量、规格、位置和防腐处理必须符合设计要求。

⑤金属与石材幕墙上下立柱之间应有不小于 15 mm 的缝隙，并应采用芯柱连结。芯柱总长度不应小于 400 mm。芯柱与立柱应紧密接触。芯柱与下柱之间应采用不锈钢螺栓固定。

⑥明框玻璃幕墙每块玻璃下部应设不少于两块压模成型的氯丁橡胶支承垫块，不得采用自攻螺钉固定承受水平荷载的玻璃压条。

⑦隐框、半隐框幕墙的胶缝必须采用硅酮结构密封胶，全玻幕墙的粘接胶缝厚度不应小于 6 mm。隐框玻璃板块下部应设置支承玻璃的托条，托条长度不应小于 100 mm、厚度不应小于 2 mm，托条上宜设置衬垫。中

空玻璃的托条应能托住外片玻璃。

隐框、半隐框幕墙中空玻璃的二道密封用硅酮结构密封胶应能承受外侧面板传递的荷载和作用，二道密封胶缝的有效粘结宽度应满足设计要求。

⑧点支承玻璃幕墙玻璃面板间的接缝宽度不应小于 10 mm，有密封要求时应采用硅酮建筑密封胶嵌缝。

⑨全玻幕墙玻璃肋的截面厚度不应小于 12 mm，截面高度不应小于 100 mm。除全玻幕墙外的其他玻璃幕墙，不应在现场打注硅酮结构密封胶。

⑩无窗槛墙的玻璃幕墙，应在每层楼板外沿设置耐火极限不低于 1.0 h、高度不低于 0.8 m 的不燃烧实体裙墙或防火玻璃裙墙。幕墙与每层楼板、隔墙处的缝隙应采用防火封堵材料封堵，当采用岩棉或矿棉封堵时，其厚度不应小于 100 mm，并应填充密实；楼层间水平防烟带的岩棉或矿棉宜采用厚度不小于 1.5 mm 的镀锌钢板承托。

2. 常见问题规范化描述

（1）档案资料方面

①缺少建筑设计单位对幕墙工程设计的确认文件；

②缺少焊工考试合格证；

③缺少幕墙工程气密性能、水密性能、抗风压性能及层间变形性能检测报告；

④缺少石材、石材用结构胶、密封胶的产品合格证、性能检验报告及复验报告；

⑤缺少玻璃幕墙用结构胶和幕墙玻璃的合格证、出厂检验报告及复验报告；

⑥缺少后置埋件和槽式预埋件的现场拉拔力检验报告。

（2）实体质量方面

①现场竖龙骨与连接件、竖龙骨与横龙骨之间采用焊接连接，与设计文件要求螺栓连接不符；

②后置埋件均采用膨胀螺栓连接，未按设计文件要求采用膨胀螺栓和化学螺栓共同连接；

③上下立柱之间未设置伸缩缝，不满足设计文件要求；

④幕墙转接件与埋板、转接件与竖龙骨、竖龙骨与横龙骨之间焊缝尺寸不满足设计文件要求；

⑤石材幕墙的铝合金挂件厚度不满足规范中不应小于 4.0 mm 的要求，不锈钢挂件厚度不满足规范中不应小于 3.0 mm 的要求；

⑥竖龙骨与横龙骨之间连接焊缝存在夹渣、咬边等质量缺陷；

⑦采用胶缝传力的全玻幕墙，其胶缝未按规范要求采用硅酮结构密封胶；

⑧全玻幕墙玻璃肋不满足规范中截面厚度不应小于 12 mm、截面高度不应小于 100 mm 的要求；

⑨点支承玻璃幕墙玻璃面板之间的接缝宽度不满足规范中不应小于 10 mm 的要求。

（二）外门窗工程

1. 检查重点及要求

（1）档案资料方面

①设计单位在进行建筑外门窗设计时，应标明外门窗抗风压、气密性、水密性和传热系数等性能指标，并标注选用的外门窗图集编号和外门窗的型号、规格，对于外门窗与墙体交接处等节点应采用聚氨酯发泡进行填充，并绘制详图说明其做法。

②材料的产品合格证、性能检验报告、进场验收记录和复验报告。

A. 进行复验的材料及其性能指标包括：人造木板门的甲醛释放量；建筑外窗的气密性能、水密性能和抗风压性能。其中，外窗及敞开式阳台门的气密性等级不应低于国家标准《建筑幕墙、门窗通用技术条件》（GB/T 31433–2015）中规定的6级。

B. 针对门窗节能工程，进行复验的材料及其性能指标还包括：门窗的传热系数，透光、部分透光遮阳材料的太阳光透射比、太阳光反射比及中空玻璃的密封性能。

③外窗气密性能实体检验。

（2）实体质量方面

①对下列项目进行重点检查，核查现场实物是否与设计文件或规范要求相符：预埋件和锚固件、隐蔽部位的防腐和填嵌处理、高层金属窗防雷连接节点。

②金属门窗和塑料门窗安装应采用预留洞口的方法施工。

③建筑外门窗应安装牢固，推拉门窗扇应配备防脱落装置。在砌体上安装门窗严禁采用射钉固定。其中，塑料门窗固定点应距窗角、中横框、中竖框150~200 mm，固定点间距不应大于600 mm。平开窗扇高度大于900 mm时，窗扇锁闭点不应少于2个。铝合金门窗固定点与角部的距离不应大于150 mm，其余部位的固定点中心距不应大于500 mm。

④外门窗框或附框与洞口之间的间隙应采用弹性闭孔材料填嵌饱满，并进行防水密封，外门窗框与附框之间的缝隙应使用密封胶密封。

⑤应按设计和规范要求使用安全玻璃。

2. 常见问题规范化描述

（1）档案资料方面

①设计文件中缺少外窗传热系数等指标；

②缺少建筑外窗气密性能、水密性能和抗风压性能检测报告；

③缺少建筑外窗传热系数性能检测报告；

④缺少中空玻璃密封性能复验报告。

（2）实体质量方面

①外窗安装固定点间距不满足设计或规范要求；

②外窗框与墙体之间的缝隙存在填嵌不饱满或漏填嵌等现象；

③塑料门窗扇开关不灵活、关闭不严密，有倒翘现象。

④密封胶粘结不牢固，表面不光滑、不顺直，有裂纹现象。

（三）室内防水工程

1. 检查重点及要求

（1）档案资料方面

①设计单位在对有防水要求房间的防水层等部位进行设计时，必须用节点详图详细标明材料、构造做法并附以必要的说明。

②防水材料及配套辅助材料进场时应提供产品合格证、质量检验报告、使用说明书、复验报告。防水卷材复验报告应包含无处理时卷材接缝剥离强度和搭接缝不透水性检测结果。

③淋水、蓄水或水池满水试验记录。淋水、蓄水试验应符合下列规定:

A. 楼、地面最小蓄水高度不应小于 20 mm，蓄水时间不应少于 24 h;

B. 有防水要求的墙面应进行淋水试验，淋水时间不应小于 30 min;

C. 独立水容器应进行满池蓄水试验，蓄水时间不应少于 24 h;

D. 室内工程厕浴间楼地面防水层和饰面层完成后，均应进行蓄水试验。

（2）实体质量方面

①对下列项目进行重点检查，核查现场实物是否与设计文件或规范

要求相符：防水层的基层；防水层及附加防水层；地漏、防水层铺设范围内的穿楼板或穿墙管道及预埋件等节点防水构造。

②防水材料、密封材料、配套材料的质量应符合设计要求。

③防水隔离层的厚度符合设计要求。其中，卷材防水层最小厚度应符合表 3–1 的规定。

表 3–1　　卷材防水层最小厚度　　单位：mm

<table>
<tr><th colspan="3">防水卷材类型</th><th>卷材防水层最小厚度</th></tr>
<tr><td rowspan="5">聚合物改性沥青防水卷材</td><td colspan="2">热熔法施工聚合物改性防水卷材</td><td>3.0</td></tr>
<tr><td colspan="2">热沥青粘结和胶粘法施工聚合物改性防水卷材</td><td>3.0</td></tr>
<tr><td colspan="2">预铺反粘防水卷材（聚酯胎类）</td><td>4.0</td></tr>
<tr><td rowspan="2">自粘聚合物改性防水卷材（含湿铺）</td><td>聚酯胎类</td><td>3.0</td></tr>
<tr><td>无胎类及高分子膜基</td><td>1.5</td></tr>
<tr><td rowspan="5">合成高分子防水卷材</td><td colspan="2">均质型、带纤维背衬型、织物内增强型</td><td>1.2</td></tr>
<tr><td colspan="2">双面复合型</td><td>主体片材芯材 0.5</td></tr>
<tr><td rowspan="2">预铺反粘防水卷材</td><td>塑料类</td><td>1.2</td></tr>
<tr><td>橡胶类</td><td>1.5</td></tr>
<tr><td colspan="2">塑料防水板</td><td>1.2</td></tr>
</table>

反应型高分子类防水涂料、聚合物乳液类防水涂料和水性聚合物沥青类防水涂料等涂料防水层最小厚度不应小于 1.5 mm，热熔法施工橡胶沥青类防水涂料防水层最小厚度不应小于 2.0 mm。

当热熔法施工橡胶沥青类防水涂料与防水卷材配套使用作为一道防水层时，其厚度不应小于 1.5 mm。

外涂型水泥基渗透结晶型防水材料防水层的厚度不应小于 1.0 mm，用量不应小于 1.5 kg/m^2

④地面防水隔离层的细部做法符合设计和规范要求。其中，住宅楼地面的防水层在门口处应水平延展，且向外延展的长度不应小于500 mm，向两侧延展的宽度不应小于200 mm。

⑤墙面的防水高度符合设计要求。其中，淋浴区墙面防水层翻起高度不应小于2000 mm，且不低于淋浴喷淋口高度。盥洗池盆等用水处墙面防水层翻起高度不应小于1200 mm。墙面其他部位泛水翻起高度不应小于250 mm。

⑥防水层不得渗漏。

2. 常见问题规范化描述

（1）档案资料方面

①缺少防水材料合格证、出厂检验报告和复验报告。

②缺少淋水或蓄水试验记录。

（2）实体质量方面

①卫生间淋浴区墙面的防水层高度小于2000 mm，不满足设计文件或规范要求。

②卫生间防水涂料厚度不满足设计文件要求。

③卫生间防水涂料存在涂刷不均匀、漏涂现象。

④防水卷材存在粘贴不牢、翘边现象。

⑤楼、地面的防水层在门口处向外延展的长度小于500 mm，向两侧延展的宽度小于200 mm，不满足设计文件或规范要求。

（四）吊顶工程

1. 检查重点及要求

（1）档案资料方面

①吊顶工程设计技术文件的内容及深度应确定能满足功能要求，应

确定吊装方式、吊杆及龙骨的排列，应确定吊顶的防火、声学、防潮、保温、洁净等技术性能要求和措施等。

②材料的产品合格证书、性能检测报告、进场验收记录和复验报告等档案资料应齐全完整。吊顶工程应对人造木板的甲醛含量进行复验。其中，在公共建筑吊顶工程中，有防火要求的石膏板厚度应大于 12 mm，并应使用耐火石膏板。

③当设计有要求时，应提供后置式锚栓的拉拔试验报告。

（2）实体质量方面

①对下列项目进行重点检查，核查现场实物是否与设计文件或规范要求相符：吊顶内管道、设备的安装及水管试压、风管严密性检验；木龙骨的防火、防腐处理；埋件；吊杆安装、龙骨安装；填充材料的设置；反支撑及钢结构转换层。

②吊杆、龙骨的材质、规格、安装间距及连接方式应符合设计要求。

③吊顶工程中的预埋件、钢筋吊杆和型钢吊杆应进行防腐处理。

④吊顶工程的木龙骨和木面板应进行防火处理，并应符合有关设计防火标准的规定。

⑤吊顶埋件与吊杆的连接、吊杆与龙骨的连接、龙骨与面板的连接应安全可靠。

其中，吊杆与主龙骨端部距离不得大于 300 mm。当吊杆长度大于 1500 mm 时，应设置反支撑。当吊杆与设备相遇时，应调整并增设吊杆或采用型钢支架。

吊杆上部为网架、钢屋架或吊杆长度大于 2500 mm 时，应设有钢结构转换层。

整体面层吊顶工程安装双层板时，面层板与基层板的接缝应错开，并不得在同一根龙骨上接缝。板块面层吊顶工程面板与龙骨的搭接宽度应大于龙骨受力面宽度的2/3。

⑥重量大于3 kg的物体，以及电风扇、投影仪、音响等有振动荷载的设备，不应安装在吊顶工程的龙骨上，应直接吊挂在建筑承重结构上。

2. 常见问题规范化描述

（1）档案资料方面

①缺少吊杆、龙骨等相关材料合格证、出厂检验报告；

②缺少人造木板的甲醛含量复验报告。

（2）实体质量方面

①吊杆与主龙骨端部距离大于300 mm，未按标准要求增设吊杆；

②轻钢龙骨吊顶的吊筋长度超过1500 mm，未按标准要求设置反向支撑；

③吊杆与设备相遇时，未按标准要求调整并增设吊杆或采取型钢支架；

④重型设备和有振动荷载的设备安装在吊顶工程的龙骨上，不满足标准要求；

⑤双层石膏板面层板与基层板的接缝未错开，并在同一根龙骨上接缝，不满足规范要求；

⑥板块面层吊顶工程面板与龙骨的搭接宽度小于龙骨受力面宽度的2/3，不满足标准要求。

四、屋面分部工程质量监督

1. 检查重点及要求

（1）档案资料方面

①设计单位在对屋面工程的固定构造进行设计时，必须用节点详图详细标明材料、构造做法并附以必要的说明。对女儿墙、高低跨、上人孔、

变形缝和出屋面管道、井（烟）道等节点应设计防渗构造详图。

其中，屋面工程防水构造设计应符合下列规定：

A. 当设备放置在防水层上时，应设附加层。

B. 天沟、檐沟、天窗、雨水管和伸出屋面的管井管道等部位泛水处的防水层应设附加层或进行多重防水处理。

C. 屋面雨水天沟、檐沟不应跨越变形缝，屋面变形缝泛水处的防水层应设附加层，防水层应铺贴或涂刷至变形缝挡墙顶面。高低跨变形缝在立墙泛水处，应采用有足够变形能力的材料和构造做密封处理。

D. 屋面应设置独立的雨水收集或排水系统。

E. 非外露防水材料暴露使用时应设有保护层。

②屋面工程各种材料应有出厂合格证、型式检验报告、出厂检验报告、进场验收记录和进场检验报告。

③在屋面防水层和节点防水完成后，应进行雨后观察或淋水、蓄水试验，并应符合下列规定：

A. 采用雨后观察时，降雨应达到中雨量级标准；

B. 采用淋水试验时，持续淋水时间不应少于 2 h；

C. 檐沟、天沟、雨水口等应进行蓄水试验，其最低蓄水高度不应小于 20 mm，蓄水时间不应少于 24 h。

（2）实体质量方面

①对下列项目进行重点检查，核查现场实物是否与设计文件或规范要求相符：卷材、涂抹防水层的基层；接缝的密封处理；檐沟、天沟、泛水、水落口和变形缝等细部做法；在屋面易开裂和渗水部位的附加层等。

②屋面无渗漏，积水和排水系统应通畅。

③卷材铺贴方法和搭接顺序应符合设计要求，搭接宽度正确，接缝严密，不得有皱褶、鼓泡和翘边现象。

其中，防水卷材接缝应采用搭接缝，卷材搭接宽度应符合表 3–2 的规定。

表 3–2　　卷材搭接宽度　　单位：mm

防水卷材类别		搭接宽度
合成高分子防水卷材	胶粘剂	80
	胶粘带	50
	单缝焊	60，有效焊接宽度不小于 25
	双缝焊	80，有效焊接宽度为 10×2+ 空腔宽
高聚物改性沥青防水卷材	胶粘剂	100
	自粘	80

同一层相邻两幅卷材短边搭接缝错开不应小于 500 mm；上下层卷材长边搭接缝应错开，且不应小于幅宽的 1/3。

④涂膜防水层的厚度应符合设计要求，涂层无流淌、鼓泡和露胎体现象。

⑤天沟、檐沟、女儿墙、山墙、水落口、变形缝和伸出屋面管道等防水构造，应符合设计要求。

其中，女儿墙泛水处、管道泛水处的防水层下应增设附加层，附加层在平面和立面的宽度均不应小于 250 mm，防水卷材应满粘，卷材收头应用金属压条钉压或用金属箍固定，并用密封材料封严。

2. 常见问题规范化描述

（1）档案资料方面

①缺少屋面防水材料合格证、出厂检验报告和复验报告；

②缺少屋面工程淋水或蓄水试验记录。

（2）实体质量方面

①屋面存在渗漏现象，不满足规范要求；

②卷材防水层相邻两幅卷材搭接宽度不满足规范要求；

③女儿墙泛水处卷材收头未采用金属压条钉压，不满足规范要求；

④女儿墙（或变形缝、管道）泛水处的附加防水层在平面或立面的宽度不满足规范中不应小于 250 mm 的要求；

⑤伸出屋面管道的防水卷材收头未采用金属箍固定，不满足规范要求；

⑥防水卷材铺贴存在皱褶、空鼓和翘边现象。

五、建筑给水、排水及供暖分部工程质量监督

（一）室内给水系统

1. 检查重点及要求

（1）档案资料方面

①检查主要材料、配件、设备（包括管材、管件、保温材料、阀门、水泵等）的质量证明文件。

②检查塑料给水管道管材、管件复验报告。

③检查隐蔽工程（包括给水管道、消火栓管道、喷洒管道）验收及中间试验记录，具体包括：

A. 管道隐蔽工程检查验收记录；

B. 管道水压试验记录；

C. 管道冲洗、吹扫、清洗记录；

D. 管道通水试验记录；

E. 阀门强度和严密性试验记录；

F. 水质检测中心检测报告（生活给水）；

G. 水泵安装记录及试运转记录；

H. 消火栓试射记录；

I. 敞口水箱满水试验记录、密闭水箱水压试验记录。

④检查检验批、分项、子分部工程质量验收记录。

（2）实体质量方面

①检查室内给水系统管材、管件是否与设计文件相符。

②检查室内给水管道安装位置、敷设走向是否与设计文件相符。

③检查给水管道是否按设计文件要求安装阀门及阀门安装位置是否与设计文件相符。

④检查给水系统的塑料管及复合管与采用金属制作的管道支架间是否按规范要求加衬非金属垫或套管。

⑤检查室内直埋给水管道（塑料管道和复合管道除外）是否做防腐处理。

⑥检查给水水平管道坡度是否符合规范要求。

⑦检查室内给水管道穿过墙壁和楼板处是否按设计文件要求设置套管。

⑧检查给水管道标识是否符合规范要求。

⑨检查生活饮用水管道是否与建筑中水、雨水回用、海水利用管道系统连接。

2. 常见问题规范化描述

（1）档案资料方面

①缺少管材、管件、保温材料、阀门、水泵等质量证明文件。

②缺少塑料给水管道管材、管件复验报告或复验结果不合格。

③缺少隐蔽工程验收及中间试验记录或记录内容填写不符合要求。

④缺少检验批、分项、子分部工程质量验收记录或记录内容填写不符合要求。

（2）实体质量方面

①室内给水系统管材、管件与设计文件要求不符。

②室内给水管道安装位置、敷设走向与设计文件不符。

③给水管道未按设计文件要求安装阀门或阀门安装位置与设计文件不符。

④给水系统的塑料管及复合管与采用金属制作的管道支架间未按规范要求加衬非金属垫或套管。

⑤室内直埋给水管道（塑料管道和复合管道除外）未按规范要求做防腐处理。

⑥给水水平管道坡度不符合规范要求。

⑦给水管道穿过墙壁和楼板处未按设计文件要求设置套管。

⑧水箱溢流管和泄放管未设置在排水地点附近且未与排水管直接连接。

⑨给水管道未按规范进行标识。

⑩生活饮用水管道与建筑中水、雨水回用、海水利用管道系统连接。

（二）室内排水系统

1. 检查重点及要求

（1）档案资料方面

①检查主要材料、配件、设备（包括管材、管件、阀门、水泵等）的质量证明文件。

②检查塑料排水管道管材、管件复验报告。

③检查隐蔽工程验收及中间试验记录，具体包括：

A. 管道隐蔽工程检查验收记录；

B. 管道灌水记录；

C. 管道通水试验记录；

D. 管道通球试验记录；

E. 阀门强度和严密性试验记录；

F. 水泵安装、试运转记录等。

④检查检验批、分项、子分部工程质量验收记录。

（2）实体质量方面

①检查室内排水系统管材、管件是否与设计文件相符。

②检查室内排水管道安装位置是否与设计文件相符。

③检查排水管道是否按设计文件要求安装阀门及阀门安装位置是否与设计文件相符。

④检查排水系统塑料管道是否按设计文件及规范要求安装伸缩节和阻火圈。

⑤检查排水管道是否按设计文件及规范要求安装检查口和清扫口。

⑥检查暗装排水立管检查口处是否安装检修门。

⑦检查排水管道坡度是否符合设计文件及规范要求。

⑧检查排水通气管安装是否符合规范要求（包括是否与风道或烟道连接、管道高出屋面高度是否符合规范要求）。

⑨检查未经消毒处理的医院含菌污水管道是否与其他排水管道直接连接。

⑩检查饮食业工艺设备引出的排水管及饮用水水箱的溢流管是否与污水管道直接连接或是否留出不小于 100 mm 的隔断空间。

⑪检查室内排水管道穿过墙壁和楼板处是否按设计文件要求设置套管。

⑫检查雨水管道是否违规与生活污水管道相连接。

⑬检查排水管道标识是否符合规范要求。

2. 常见问题规范化描述

（1）档案资料方面

①缺少管材、管件、阀门、水泵等质量证明文件。

②缺少塑料排水管道管材、管件复验报告或复验结果不合格。

③缺少隐蔽工程验收及中间试验记录或记录内容填写不符合要求。

④缺少检验批、分项、子分部工程质量验收记录或记录内容填写不符合要求。

（2）实体质量方面

①室内排水系统管材、管件与设计文件要求不符。

②室内排水管道安装位置与设计文件不符。

③排水管道未按设计文件要求安装阀门或阀门安装位置与设计文件不符。

④排水系统塑料管道未按设计文件及规范要求安装伸缩节和阻火圈。

⑤排水管道未按设计文件及规范要求安装检查口和清扫口。

⑥暗装排水立管检查口处未按规范要求安装检修门。

⑦排水管道坡度达不到设计文件及规范要求。

⑧排水通气管与风道或烟道连接，不符合规范要求。

⑨排水通气管高出屋面高度不符合规范要求。

⑩未经消毒处理的医院含菌污水管道与其他排水管道直接连接，不符合规范要求。

⑪饮食业工艺设备引出的排水管及饮用水水箱的溢流管与污水管道直接连接或未按规范要求留出不小于 100 mm 的隔断空间。

⑫排水管道穿过墙壁和楼板处未按设计文件要求设置套管。

⑬雨水管道与生活污水管道相连接。

⑭排水管道未按规范进行标识。

（三）室内热水供应系统

1. 检查重点及要求

（1）档案资料方面

①检查主要材料、配件、设备（包括管材、管件、保温材料、热交换器、阀门、水泵等）的质量证明文件。

②检查热水塑料管道管材、管件复验报告。

③检查隐蔽工程验收及中间试验记录，具体包括：

A. 管道隐蔽工程检查验收记录；

B. 管道水压试验记录；

C. 管道冲洗、吹扫、清洗记录；

D. 阀门强度和严密性试验记录；

E. 水泵安装记录及试运转记录；

F. 敞口水箱满水试验记录、密闭水箱水压试验记录。

④检查检验批、分项、子分部工程质量验收记录。

（2）实体质量方面

①检查室内热水管材、管件是否与设计文件相符。

②检查室内热水管道安装位置、敷设走向是否与设计文件相符。

③检查是否按设计文件要求安装阀门及阀门安装位置是否与设计文件相符。

④检查热水塑料管及复合管与采用金属制作的管道支架间是否按规范要求加衬非金属垫或套管。

⑤检查室内热水管道安装坡度是否符合设计文件要求。

⑥检查热水供应系统管道是否保温及保温材料、厚度、保护壳等是否符合设计文件要求。

⑦检查室内热水管道穿过墙壁和楼板处是否按设计文件要求设置套管。

⑧检查室内热水管道补偿器型式、规格、位置是否符合设计文件要求。

⑨检查热水管道标识是否符合规范要求。

2. 常见问题规范化描述

（1）档案资料方面

①缺少管材、管件、保温材料、热交换器、阀门、水泵等质量证明文件。

②缺少热水塑料管道管材、管件复验报告或复验结果不合格。

③缺少隐蔽工程验收及中间试验记录或记录内容填写不符合要求。

④缺少检验批、分项、子分部工程质量验收记录或记录内容填写不符合要求。

（2）实体质量方面

①室内热给水系统管材、管件与设计文件不符。

②室内热水管道安装位置、敷设走向与设计文件不符。

③室内热水管道未按设计文件要求安装阀门或阀门安装位置与设计文件不符。

④热水塑料管及复合管与采用金属制作的管道支架间未按规范要求加衬非金属垫或套管。

⑤室内热水管道安装坡度未达到设计文件要求。

⑥热水供应系统管道未按规范要求采取保温措施或保温材料、厚度、保护壳等与设计文件要求不符。

⑦热水管道穿过墙壁和楼板处未按设计文件要求设置套管。

⑧热水管道补偿器型式、规格、位置不符合设计要求。

⑨热水管道未按规范进行标识。

（四）卫生器具安装

1. 检查重点及要求

（1）档案资料方面

①检查主要器具和设备的质量证明文件。

②检查卫生器具满水和通水试验记录等。

③检查检验批、分项、子分部工程质量验收记录。

（2）实体质量方面

①检查卫生器具安装位置、数量是否与设计文件相符。

②检查卫生器具安装高度是否与设计文件及规范要求相符。

③检查卫生器具给水配件安装高度是否与设计文件及规范要求相符。

④检查排水栓和地漏的安装是否符合规范要求（包括安装是否平正、牢固，是否低于排水表面，周边有无渗漏，地漏水封高度是否小于 50 mm 等）。

⑤检查卫生器具给水配件安装是否符合规范要求（包括是否完好无损伤、接口是否严密、启闭部分是否灵活等）。

⑥检查与排水横管连接的各卫生器具的受水口和立管是否采取妥善可靠的固定措施，管道与楼板的接合部位是否采取牢固可靠的防渗、防漏措施。

⑦检查连接卫生器具的排水管道接口是否紧密不漏。

⑧检查连接卫生器具的排水管管径和最小坡度是否符合设计文件及规范要求。

⑨检查卫生器具的支、托架是否防腐良好，安装是否平整、牢固。

⑩检查用水器具和设备是否满足节水产品的要求。

2. 常见问题规范化描述

（1）档案资料方面

①缺少卫生器具质量证明文件。

②缺少卫生器具满水和通水试验记录等。

③缺少检验批、分项、子分部工程质量验收记录或记录内容填写不符合要求。

（2）实体质量方面

①卫生器具安装位置、数量与设计文件不符。

②卫生器具安装高度与设计文件及规范要求不符。

③卫生器具给水配件安装高度与设计文件及规范要求不符。

④排水栓和地漏的安装不符合规范要求（如安装不平正、不牢固，未低于排水表面，周边有渗漏现象，地漏水封高度小于 50 mm 等）。

⑤卫生器具给水配件安装不符合规范要求（如存在损伤、接口不严密、启闭部分不灵活等）。

⑥与排水横管连接的各卫生器具的受水口和立管未采取妥善可靠的固定措施，管道与楼板的接合部位未采取牢固可靠的防渗、防漏措施。

⑦连接卫生器具的排水管道接口不紧密，存在渗漏现象。

⑧连接卫生器具的排水管管径和最小坡度不符合设计文件及规范要求。

⑨卫生器具的支、托架防腐不符合设计要求，安装不平整、不牢固。

⑩用水器具和设备不满足节水产品的要求。

（五）建筑中水系统

1. 检查重点及要求

（1）档案资料方面

①检查主要材料、配件、设备（包括管材、管件、保温材料、阀门、

水泵等）的质量证明文件。

②检查塑料中水管道管材、管件复验报告。

③检查隐蔽工程验收及中间试验记录，具体包括：

A. 管道隐蔽工程检查验收记录；

B. 管道水压试验记录；

C. 管道冲洗、吹扫、清洗记录；

D. 阀门强度和严密性试验记录；

E. 水泵安装记录及试运转记录；

F. 敞口水箱满水试验记录、密闭水箱水压试验记录。

④检查检验批、分项、子分部工程质量验收记录。

（2）实体质量方面

①检查中水管材、管件是否与设计文件相符。

②检查中水管道安装位置、敷设走向是否与设计文件相符。

③检查是否按设计文件要求安装阀门及阀门安装位置是否与设计文件相符。

④检查设于同一房间中水高位水箱与生活高位水箱的间距。

⑤检查中水给水管道是否装设取水水嘴。

⑥检查中水管道是否与生活饮用水管道连接。

⑦检查中水管道外壁是否涂浅绿色标志。

⑧检查中水池（箱）、阀门、水表及给水栓是否有“中水”标志。

⑨检查中水管道暗装于墙槽内时是否在管道上设有明显且不会脱落的标志。

⑩检查中水管道与生活饮用水管道、排水管道安装的相对位置和间距。

⑪检查中水管道穿过墙壁和楼板处是否按设计文件要求设置套管。

⑫检查中水管道标识是否符合规范要求。

2. 常见问题规范化描述

（1）档案资料方面

①缺少管材、管件、保温材料、阀门、水泵等质量证明文件。

②缺少塑料中水管道管材、管件复验报告或复验结果不合格。

③缺少隐蔽工程验收及中间试验记录或记录内容填写不符合要求。

④缺少检验批、分项、子分部工程质量验收记录或记录内容填写不符合要求。

（2）实体质量方面

①中水管材、管件与设计文件要求不符。

②中水管道安装位置、敷设走向与设计文件不符。

③中水管道未按设计文件要求安装阀门或阀门安装位置与设计文件不符。

④设于同一房间中水高位水箱与生活高位水箱的间距不大于 2 m，不符合规范要求。

⑤中水给水管道上装设取水水嘴，不符合规范要求。

⑥中水管道与生活饮用水管道连接，不符合规范要求。

⑦中水管道外壁未按规范要求涂浅绿色标志。

⑧中水池（箱）、阀门、水表及给水栓等未设“中水”标志，不符合规范要求。

⑨中水管道暗装于墙槽内时未在管道上设有明显且不会脱落的标志，不符合规范要求。

⑩中水管道与生活饮用水管道、排水管道平行埋设时，水平净距小于 0.5 m；交叉埋设时，中水管道未按规范要求埋设于生活饮用水管道下面、排水管道上面或埋设净距小于 0.15 m，不符合规范要求。

⑪中水管道穿过墙壁和楼板处未按设计文件要求设置套管。

⑫中水管道未按规范进行标识。

（六）室内供暖系统（散热器采暖系统）

1. 检查重点及要求

（1）档案资料方面

①检查主要材料、配件、设备（包括散热器、管材、管件、阀门、过滤器、温度计、热量表、保温材料、水泵等）的质量证明文件。

②检查以下材料和设备的复验报告：

A. 塑料管材、管件复验报告；

B. 散热器复验报告（复验单位散热量、金属热强度）；

C. 采暖系统保温材料复验报告（复验导热系数、密度、吸水率）。

③检查隐蔽工程验收及中间试验记录，具体包括：

A. 管道隐蔽工程检查验收记录；

B. 管道水压试验记录；

C. 管道冲洗、吹扫、清洗记录；

D. 散热器水压试验记录；

E. 阀门强度和严密性试验记录；

F. 采暖系统试运行、调试记录；

G. 水泵安装、试运转记录；

H. 采暖系统节能性能检测报告。

④检查检验批、分项、子分部工程质量验收记录。

（2）实体质量方面

①检查采暖系统的制式是否与设计文件相符。

②检查是否按设计文件要求安装室内温度调控装置、热计量装置、

水力平衡装置等，其安装位置和方向是否与设计文件相符。

③检查散热器规格数量、安装方式及位置是否与设计文件相符，散热器背面与装饰后的墙内表面安装距离是否符合设计文件及规范要求。

④检查是否按设计文件要求安装阀门、过滤器、除污器、疏水器、补偿器等，其安装位置是否与设计文件相符。

⑤检查采暖管材、管件是否与设计文件相符。

⑥检查采暖管道安装位置、敷设走向及坡度是否与设计文件及规范要求相符。

⑦检查散热器支管长度超过 1.5 m 时是否在支管上安装管卡。

⑧检查上供下回式系统的热水干管变径是否为顶平偏心连接，蒸汽干管变径是否为底平偏心连接。

⑨检查膨胀水箱的膨胀管及循环管上是否安装阀门。

⑩检查是否按设计文件要求对采暖管道采取保温和防潮措施，保温层和防潮层施工是否符合规范要求。

⑪检查采暖系统的塑料管及复合管与采用金属制作的管道支架间是否按规范要求加衬非金属垫或套管。

⑫检查管道、金属支架和设备、铸铁或钢制散热器表面的防腐和涂漆是否附着良好，有无脱皮、起泡、流淌和漏涂等缺陷。

⑬检查蒸汽减压阀和管道及设备上安全阀的型号、规格、公称压力及安装位置是否符合设计文件要求。

2. 常见问题规范化描述

（1）档案资料方面

①缺少散热器、管材、管件、阀门、过滤器、温度计、疏水器、除污器、热量表、保温材料、水泵等的质量证明文件。

②缺少塑料管材、管件复验报告或复验结果不合格。

③缺少散热器复验报告或复验数量、次数达不到规范要求或复验结果不合格。

④缺少采暖系统保温材料复验报告或复验数量、次数达不到规范要求或复验结果不合格。

⑤缺少隐蔽工程验收及中间试验记录或记录内容填写不符合要求。

⑥缺少检验批、分项、子分部工程质量验收记录或记录内容填写不符合要求。

（2）实体质量方面

①采暖系统的制式与设计文件不符。

②未按设计文件要求安装室内温度调控装置、热计量装置、水力平衡装置等或安装位置和方向与设计文件不符。

③散热器规格数量、安装方式及位置与设计文件不符。

④散热器背面与装饰后的墙内表面安装距离不符合设计文件及规范要求。

⑤未按设计文件要求安装阀门、过滤器、除污器、疏水器、补偿器等或安装位置与设计文件不符。

⑥采暖管材、管件与设计文件不符。

⑦采暖管道安装位置、敷设走向及坡度与设计文件及规范要求不符。

⑧散热器支管长度超过 1.5 m 时未在支管上安装管卡，与规范要求不符。

⑨上供下回式系统的热水干管变径未采用顶平偏心连接，蒸汽干管变径未采用底平偏心连接，与规范要求不符。

⑩膨胀水箱的膨胀管及循环管上安装阀门，与规范要求不符。

⑪未按设计文件要求对采暖管道采取保温和防潮措施或保温层和防潮层施工不符合规范要求。

⑫采暖系统的塑料管及复合管与采用金属制作的管道支架间未按规范要求加衬非金属垫或套管。

⑬管道、金属支架和设备、铸铁或钢制散热器表面的防腐和涂漆存在脱皮、起泡、流淌和漏涂等缺陷。

（七）室内供暖系统（低温热水地板辐射供暖）

1. 检查重点及要求

（1）档案资料方面

①检查施工图设计文件内容是否齐全，低温热水地板辐射供暖工程应提供下列施工图设计文件：

A. 设计说明（应包含加热管类型及规格型号，绝热材料的类型、导热系数、表观密度、规格及厚度等；采用发泡水泥绝热层的应包括绝热层的厚度、干体积密度、抗压强度、导热系数、收缩率等指标）。

B. 供暖系统和加热部件平面布置图（应包含分水器、集水器位置及与其连接的供暖管道，各房间加热管的具体布置形式、敷设长度、间距及各回路敷设长度等）。

C. 供暖系统图和局部详图。

D. 温控装置及相关管线布置图。当采用集中控制系统时，应提供相关控制系统布线图。

E. 分水器、集水器及其配件的接管示意图。

F. 地面构造及伸缩缝设置示意图。

②检查主要材料、配件、设备（包括分集水器、绝热层材料、管材、管件、阀门、过滤器、除污器、温度计、热量表、保温材料、水泵等）的质量证明文件。

③检查分集水器、加热管、绝热层材料等主要材料的出厂检验报告（其

中绝热层材料注意应为不燃或难燃材料）。

④检查以下材料和设备的复验报告：

A. 塑料管材、管件复验报告；

B. 地面绝热层材料复验报告（复验导热系数、密度、抗压强度或压缩强度）；

C. 采暖系统保温材料复验报告（复验导热系数、密度、吸水率）。

⑤检查隐蔽工程验收及中间试验记录，具体包括：

A. 管道隐蔽工程检查验收记录；

B. 管道水压试验记录；

C. 管道冲洗、吹扫、清洗记录；

D. 分集水器、阀门强度和严密性试验记录；

E. 采暖系统试运行、调试记录；

F. 水泵安装、试运转记录；

G. 采暖系统节能性能检测报告。

⑥检查检验批、分项、子分部工程质量验收记录。

（2）实体质量方面

①检查采暖系统的制式是否与设计文件相符。

②检查是否按设计文件要求安装室内温度调控装置、热计量装置、水力平衡装置等，其安装位置和方向是否与设计文件相符。

③检查分集水器规格型号、安装位置、安装高度是否与设计文件相符。

④检查是否按设计文件要求安装阀门、过滤器等，其安装位置是否与设计文件相符。

⑤检查采暖管材、管件、绝热层材料的种类、规格是否与设计文件相符。

⑥检查防潮层和绝热层的做法是否与设计文件相符。

⑦检查铺设绝热层的原始工作面是否平整、干燥、无杂物，边角交接面根部是否平直且无积灰现象。

⑧检查泡沫塑料类绝热层铺设是否平整，板间的相互接合是否严密，接头是否采用塑料胶带粘接平顺，直接与土壤接触或有潮湿气体侵入的地面是否在铺设绝热层之前铺设一层防潮层。

⑨检查辐射面与垂直构件交接处是否设置不间断的侧面绝热层，侧面绝热层的设置是否符合下列规定：

A. 绝热层材料宜采用高发泡聚乙烯泡沫塑料，且厚度不宜小于10 mm；应采用搭接方式连接，搭接宽度不应小于10 mm。

B. 绝热层材料也可采用密度不小于20 kg/m^{3}的模塑聚苯乙烯泡沫塑料板，其厚度应为20 mm，聚苯乙烯泡沫塑料板接头处应采用搭接方式连接。

C. 侧面绝热层应从辐射面绝热层的上边缘做到填充层的上边缘，交接部位应有可靠的固定措施，侧面绝热层与辐射面绝热层应连接严密。

⑩检查加热管是否按设计图纸标定的管间距和走向敷设，管间距的安装误差是否大于10 mm。

⑪检查加热管弯曲敷设时是否符合下列规定：

A. 圆弧的顶部应用管卡进行固定；

B. 塑料管弯曲半径不应小于管道外径的8倍，铝塑复合管的弯曲半径不应小于管道外径的6倍，铜管的弯曲半径不应小于管道外径的5倍；

C. 最大弯曲半径不得大于管道外径的11倍；

D. 管道安装时应防止管道扭曲。

⑫检查埋设于填充层内的加热管是否有接头。

⑬检查加热管是否设有固定装置及固定点间距是否符合规程要求。

⑭检查加热管穿墙时是否设硬质套管。

⑮检查加热管间距小于 100 mm 处是否设置柔性套管。

⑯检查加热管出地面至分水器、集水器下部阀门接口之间的明装管段，外部是否加装塑料套管或波纹管套管，套管是否高出面层 150~200 mm。

⑰检查加热管穿越伸缩缝处是否设长度不小于 200 mm 的柔性套管。

⑱检查填充层伸缩缝设置是否符合下列规定：

A. 当地面面积超过 30 m^2 或边长超过 6 m 时，应按不大于 6 m 间距设置伸缩缝，伸缩缝宽度不应小于 8 mm；伸缩缝宜采用高发泡聚乙烯泡沫塑料板，或预设木板条待填充层施工完毕后取出，缝槽内满填弹性膨胀膏。

B. 伸缩缝宜从绝热层的上边缘做到填充层的上边缘。

C. 伸缩缝应有效固定，泡沫塑料板也可在铺设辐射面绝热层时挤入绝热层中。

⑲检查卫生间是否设有两层隔离层。

⑳检查卫生间过门处是否设置止水墙，加热管穿止水墙处是否采取隔离措施。

㉑检查是否按设计文件要求对采暖管道采取保温和防潮措施，保温层和防潮层施工是否符合规范要求。

㉒检查采暖系统的塑料管及复合管与采用金属制作的管道支架间是否按规范要求加衬非金属垫或套管。

2. 常见问题规范化描述

（1）档案资料方面

①缺少分集水器、绝热层材料、管材、管件、阀门、过滤器、除污器、温度计、热量表、保温材料、水泵等的质量证明文件。

②缺少分集水器、加热管、绝热层材料等主要材料的出厂检验报告或出厂检验报告中性能指标检测结果不符合设计文件及规范要求。

③缺少塑料管材、管件、地面绝热层材料复验报告或复验结果不合格。

④缺少采暖系统保温材料复验报告或复验数量、次数达不到规范要求或复验结果不合格。

⑤缺少隐蔽工程验收及中间试验记录或记录内容填写不符合要求。

⑥缺少检验批、分项、子分部工程质量验收记录或记录内容填写不符合要求。

（2）实体质量方面

①采暖系统的制式与设计文件不符。

②未按设计文件要求安装室内温度调控装置、热计量装置、水力平衡装置等或安装位置和方向与设计文件不符。

③分集水器规格型号、安装位置、安装高度与设计文件要求不符。

④未按设计文件要求安装阀门、过滤器等或安装位置与设计文件不符。

⑤采暖管材、管件、绝热层材料的种类、规格与设计文件要求不符。

⑥防潮层和绝热层的做法与设计文件不符。

⑦铺设绝热层的原始工作面不平整、不干燥、有杂物，边角交接面根部不平直且有积灰现象，不符合规程要求。

⑧泡沫塑料类绝热层铺设不平整，板间的相互接合不严密，接头未采用塑料胶带粘接平顺，直接与土壤接触或有潮湿气体侵入的地面未在铺设绝热层之前铺设一层防潮层，不符合规程要求。

⑨辐射面与垂直构件交接处未按规程要求设置不间断的侧面绝热层或侧面绝热层的设置不符合规程要求，存在下列问题：

A. 绝热层材料未采用搭接方式连接或搭接宽度不足 10 mm；

B. 侧面绝热层未从辐射面绝热层的上边缘做到填充层的上边缘，交接部位未采取可靠的固定措施，侧面绝热层与辐射面绝热层连接不严密。

⑩加热管敷设走向、间距与设计文件不符。

⑪加热管弯曲敷设时不符合规程要求，存在下列问题：

A. 圆弧的顶部未用管卡固定；

B. 塑料管弯曲半径小于管道外径的 8 倍，铝塑复合管的弯曲半径小于管道外径的 6 倍，铜管的弯曲半径小于管道外径的 5 倍；

C. 最大弯曲半径大于管道外径的 11 倍；

D. 管道安装存在扭曲现象。

⑫埋设于填充层内的加热管有接头，不符合规范要求。

⑬加热管未设固定装置或固定点间距不符合规程要求。

⑭加热管穿墙处未按规程要求设硬质套管。

⑮加热管间距小于 100 mm 处未按规程要求设置柔性套管。

⑯加热管出地面至分水器、集水器下部阀门接口之间的明装管段，外部未按规程要求加装塑料套管或波纹管套管或者套管未高出面层 150~200 mm。

⑰加热管穿越伸缩缝处未按规程要求设长度不小于 200 mm 的柔性套管。

⑱填充层伸缩缝设置不符合规程要求，存在下列问题：

A. 当地面面积超过 30 m^2 或边长超过 6 m 时，未按不大于 6 m 间距设置伸缩缝或伸缩缝宽度不足 8 mm；

B. 伸缩缝未从绝热层的上边缘做到填充层的上边缘；

C. 伸缩缝未进行有效固定。

⑲卫生间未按规程要求设有两层隔离层。

⑳卫生间过门处未按规程要求设置止水墙，加热管穿止水墙处未按规程要求采取隔离措施。

㉑未按设计文件要求对采暖管道采取保温和防潮措施或保温层和防

潮层施工不符合规范要求。

㉒采暖系统的塑料管及复合管与采用金属制作的管道支架间未按规范要求加衬非金属垫或套管。

六、通风与空调分部工程质量监督

1. 检查重点及要求

（1）档案资料方面

①检查主要设备（包括制冷机组、空调机组、风机盘管、风机、管材、管件、阀门、温控装置、平衡装置、过滤器、仪表、绝热材料等）的合格证和出厂检验报告（尤其是防火风管、复合材料风管、绝热材料的燃烧性能出厂检验报告）等质量证明文件。

②检查风机盘管机组复验报告（复验供冷量、供热量、风量、出口静压、噪声及功率）。

③检查绝热材料复验报告（复验导热系数、密度、吸水率）。

④检查隐蔽工程验收及中间试验记录，具体包括：

A. 隐蔽工程检查验收记录；

B. 空调冷热水管道水压试验记录；

C. 管道系统冲洗（吹扫）记录；

D. 冷凝水管道充水试验记录；

E. 阀门强度和严密性试验记录；

F. 风管漏光检测记录（低压、中压系统）；

G. 风管漏风检测记录（低压系统如风管漏光检测合格，可不做漏风检测；高压系统风管须全数进行漏风检测）；

H. 制冷系统气密性试验记录；

I. 制冷机组、空调机组、风机盘管、风机、水泵等主要设备的安装记录、单机试运转及调试记录；

J. 通风与空调系统无生产负荷联合试运转及调试记录；

K. 通风与空调系统节能性能检测报告等。

⑤检验批、分项、子分部、分部工程质量验收记录。

（2）实体质量方面

①检查送、排风系统及空调风系统、空调水系统的制式是否符合设计文件要求。

②检查主要设备（包括制冷机组、空调机组、风机盘管、热回收装置、风机、温控装置、平衡装置、阀门、过滤器、仪表等）的规格数量、安装位置和方向等是否与设计文件相符，主要管道、绝热材料的材质、规格等是否与设计文件相符。

③检查主要设备、管道、阀门、仪表的技术性能参数是否与设计文件相符，包括：

A. 制冷机组、空调机组、热回收装置等设备的冷量、热量、风量、风压、功率及额定热回收效率；

B. 风机的风量、风压、功率及其单位风量耗功率；

C. 成品风管的技术性能参数；

D. 自控阀门与仪表的技术性能参数。

④检查阀门、消声器、过滤器、风口、风帽、风罩、支吊架等的制作与安装是否符合设计文件及规范要求。

⑤检查镀锌钢板及各类含有复合保护层的钢板，是否采用咬口连接或铆接，是否采用影响其保护层防腐性能的焊接连接方法。

⑥检查防火风管的本体、框架与固定材料、密封垫料等是否采用不燃材料，防火风管的耐火极限时间应是否符合系统防火设计的规定。

⑦检查复合材料风管的覆面材料是否采用不燃材料，内层的绝热材

料是否采用不燃或难燃且对人体无害的材料。

⑧检查防排烟系统的柔性短管是否采用不燃材料。

⑨检查在风管穿过需要封闭的防火、防爆的墙体或楼板时，是否设预埋管或防护套管，其钢板厚度是否小于 1.6 mm。风管与防护套管之间是否采用不燃且对人体无危害的柔性材料封堵。

⑩检查风管安装是否符合下列规定：

A. 风管内严禁其他管线穿越；

B. 输送含有易燃、易爆气体或安装在易燃、易爆环境的风管系统必须设置可靠的防静电接地装置；

C. 输送含有易燃、易爆气体的风管系统通过生活区或其他辅助生产房间时不得设置接口；

D. 室外风管系统的拉索等金属固定件严禁与避雷针或避雷网连接。

⑪检查输送空气温度高于 80℃的风管是否按设计文件要求采取防护措施。

⑫检查风机的安装是否符合下列规定：

A. 产品的性能、技术参数应符合设计要求，出口方向应正确；

B. 叶轮旋转应平稳，每次停转后不应停留在同一位置上；

C. 固定设备的地脚螺栓应紧固，并应采取防松动措施；

D. 落地安装时，应按设计要求设置减振装置，并应采取防止设备水平位移的措施；

E. 悬挂安装时，吊架及减振装置应符合设计及产品技术文件的要求。

⑬检查通风机传动装置的外露部位以及直通大气的进、出口是否装设防护罩（网）或采取其他安全设施。

⑭检查静电式空气净化装置的金属外壳是否与 PE 线可靠连接。

⑮检查电加热器的安装是否符合下列规定：

A. 电加热器与钢构架间的绝热层必须为不燃材料，接线柱外露的应加设安全防护罩；

B. 电加热器的金属外壳接地必须良好；

C. 连接电加热器风管的法兰垫片应采用耐热不燃材料。

⑯检查风机盘管机组的安装是否符合下列规定：

A. 机组安装前宜进行风机三速试运转及盘管水压试验。试验压力应为系统工作压力的 1.5 倍，试验观察时间应为 2 min，不渗漏为合格。

B. 机组应设独立支、吊架，固定应牢固，高度与坡度应正确。

C. 机组与风管、回风箱或风口的连接，应严密可靠。

⑰检查蒸汽压缩式制冷系统管道、管件和阀门的安装是否符合下列规定：

A. 制冷系统的管道、管件和阀门的类别、材质、管径、壁厚及工作压力等应符合设计要求，并应具有产品合格证书、产品性能检验报告。

B. 法兰、螺纹等处的密封材料应与管内的介质性能相适应。

C. 制冷循环系统的液管不得向上装成“Ω”形；除特殊回油管外，气管不得向下装成“ひ”形；液体支管引出时，必须从干管底部或侧面接出；气体支管引出时，必须从干管顶部或侧面接出；有两根以上的支管从干管引出时，连接部位应错开，间距不应小于 2 倍支管直径，且不小于 200 mm。

D. 管道与机组连接应在管道吹扫、清洁合格后进行。与机组连接的管路上应按设计要求及产品技术文件的要求安装过滤器、阀门、部件、仪表等，位置应正确、排列应规整；管道应设独立的支、吊架；压力表距阀门位置不宜小于 200 mm。

E. 制冷设备与附属设备之间制冷剂管道的连接，其坡度与坡向应符合设计及设备技术文件要求。当设计无规定时，应符合表 3–3 的规定。

表 3–3　　制冷剂管道坡度、坡向

管道名称	坡向	坡度
压缩机吸气水平管（氟）	压缩机	≥ 10‰
压缩机吸气水平管（氨）	蒸发器	≥ 3‰
压缩机排气水平管	油分离器	≥ 10‰
冷凝器水平供液管	贮液器	1‰ ~3‰
油分离器至冷凝器水平管	油分离器	3‰ ~5‰

F. 制冷系统投入运行前，应对安全阀进行调试校核，开启和回座压力应符合设备技术文件要求。

G. 系统多余的制冷剂不得向大气直接排放，应采用回收装置进行回收。

⑱检查燃油管道系统是否设置可靠的防静电接地装置，管道法兰应按规范要求采用镀锌螺栓连接或在法兰处用铜导线进行跨接。

⑲检查燃气管道的安装是否符合下列规定：

A. 燃气系统管道与机组的连接不得使用非金属软管。

B. 当燃气供气管道压力大于 5 kPa 时，焊缝无损检测应按设计要求执行；当设计无规定时，应对全部焊缝进行无损检测并合格。

C. 燃气管道吹扫和压力试验的介质应采用空气或氮气，严禁采用水。

⑳检查氨制冷机是否采用密封性能良好、安全性好的整体式冷水机组。氨制冷剂系统管道、附件、阀门及填料是否采用铜或铜合金材料（磷青铜除外），管内壁是否镀锌。

㉑检查输送乙二醇溶液的管道系统是否使用内镀锌管道及配件。

㉒检查空调水系统管道与水泵、制冷机组的接管是否为柔性接口，保温管道与套管四周间隙是否使用不燃绝热材料填塞紧密。

㉓检查空调水系统的冷（热）水管道与支、吊架之间是否设置衬垫。衬垫的承压强度应满足管道全重，且应采用不燃与难燃硬质绝热材料或经防腐处理的木衬垫。衬垫的厚度不应小于绝热层厚度，宽度应大于等于支、吊架支承面的宽度。衬垫的表面应平整，上下两衬垫接合面的空隙应填实。

㉔检查风管和管道的绝热层、绝热防潮层和保护层是否采用不燃或难燃材料，材质、密度、规格与厚度是否符合设计要求。

2. 问题规范化描述

（1）档案资料方面

①缺少制冷机组、空调机组、风机盘管、风机、管材、管件、阀门、温控装置、平衡装置、过滤器、仪表、绝热材料等的合格证和出厂检验报告等质量证明文件或出厂检验报告中性能指标检测结果不符合设计文件及规范要求。

②缺少风机盘管机组复验报告或复验结果不合格。

③缺少绝热材料复验报告或复验结果不合格。

④缺少隐蔽工程验收及中间试验记录或记录内容填写不符合要求。

⑤缺少检验批、分项、子分部、分部工程质量验收记录或记录内容填写不符合要求。

（2）实体质量方面

①送、排风系统及空调风系统、空调水系统的制式与设计文件要求不符。

②制冷机组、空调机组、风机盘管、热回收装置、风机、温控装置、平衡装置、阀门、过滤器、仪表等的规格数量、安装位置和方向等与设计文件要求不符，主要管道、绝热材料的材质、规格等与设计文件要求不符。

③主要设备、管道、阀门、仪表的技术性能参数与设计文件要求不符。

④阀门、消声器、过滤器、风口、风帽、风罩、支吊架等的制作与安装与设计文件及规范要求不符。

⑤镀锌钢板及各类含有复合保护层的钢板未按规范要求采用咬口连接或铆接。

⑥防火风管的本体、框架与固定材料、密封垫料等未采用不燃材料，防火风管的耐火极限时间不符合系统防火设计的规定。

⑦复合材料风管的覆面材料未采用不燃材料，内层的绝热材料未采用不燃或难燃且对人体无害的材料。

⑧防排烟系统的柔性短管未采用不燃材料。

⑨风管穿过需要封闭的防火、防爆的墙体或楼板处未按规范要求设预埋管或防护套管，或其钢板厚度小于 1.6 mm。风管与防护套管之间未按规范要求采用不燃且对人体无危害的柔性材料封堵。

⑩风管安装不符合规范要求，存在下列问题：

A. 风管内有其他管线穿越；

B. 输送含有易燃、易爆气体或安装在易燃、易爆环境的风管系统未设置可靠的防静电接地装置；

C. 输送含有易燃、易爆气体的风管系统通过生活区或其他辅助生产房间时设置接口；

D. 室外风管系统的拉索等金属固定件与避雷针或避雷网连接。

⑪输送空气温度高于 80℃的风管未按设计文件要求采取防护措施。

⑫风机的安装不符合规范要求，存在下列问题：

A. 产品的性能、技术参数不符合设计要求，其出口方向不正确；

B. 叶轮旋转不平稳，每次停转后停留在同一位置上；

C. 固定设备的地脚螺栓未紧固，且未采取防松动措施；

D. 落地安装时，未按设计要求设置减振装置，且未采取防止设备水平位移的措施；

E. 悬挂安装时，吊架及减振装置不符合设计及产品技术文件的要求。

⑬通风机传动装置的外露部位以及直通大气的进、出口未按规范要求装设防护罩（网）或未采取其他安全设施。

⑭静电式空气净化装置的金属外壳未与 PE 线可靠连接。

⑮电加热器的安装不符合规范要求，存在下列问题：

A. 电加热器与钢构架间的绝热层非不燃材料，接线柱外露的未设安全防护罩；

B. 电加热器的金属外壳接地不良；

C. 连接电加热器风管的法兰垫片未采用耐热不燃材料。

⑯风机盘管机组的安装不符合规范要求，存在下列问题：

A. 机组安装前未进行风机三速试运转及盘管水压试验，或试验压力达不到系统工作压力的 1.5 倍，试验观察时间不足 2 min，或有渗漏；

B. 机组未设独立支、吊架，固定不牢固，或高度、坡度与设计文件不符；

C. 机组与风管、回风箱或风口的连接不够严密可靠。

⑰蒸汽压缩式制冷系统管道、管件和阀门的安装不符合规范要求，存在下列问题：

A. 制冷系统的管道、管件和阀门的类别、材质、管径、壁厚及工作压力等不符合设计要求，未提供产品合格证书、产品性能检验报告。

B. 法兰、螺纹等处的密封材料未与管内的介质性能相适应。

C. 制冷循环系统液管向上装成“Ω”形；除特殊回油管外，气管道向下装成“ᑌ”形；液体支管引出时，未从干管底部或侧面接出；气体支管引出时，未从干管顶部或侧面接出；有两根以上的支管从干管引出时，连接部位未错开或间距不符合规范要求。

D. 管道与机组连接未在管道吹扫、清洁合格后进行。与机组连接的管路上未按设计要求及产品技术文件的要求安装过滤器、阀门、部件、仪表等，位置不正确、排列不规整；管道未设独立的支、吊架；压力表距阀门位置不符合规范要求。

E. 制冷设备与附属设备之间制冷剂管道的连接，其坡度与坡向不符合设计及设备技术文件的要求。

F. 制冷系统投入运行前，未对安全阀进行调试校核，开启和回座压力不符合设备技术文件要求。

G. 系统多余的制冷剂直接向大气排放，未采用回收装置进行回收。

⑱燃油管道系统未按规范要求设置可靠的防静电接地装置，其管道法兰未按规范要求采用镀锌螺栓连接或在法兰处用铜导线进行跨接。

⑲燃气管道的安装不符合规范要求，存在下列问题：

A. 燃气系统管道与机组的连接使用非金属软管。

B. 当燃气供气管道压力大于 5 kPa 时，焊缝无损检测未按设计要求执行；当设计无规定时，未对全部焊缝进行无损检测并合格。

C. 燃气管道吹扫和压力试验的介质未采用空气或氮气，或采用水。

⑳氨制冷机未采用密封性能良好、安全性好的整体式冷水机组。氨制冷剂系统管道、附件、阀门及填料采用铜或铜合金材料，管内壁镀锌，不符合规范要求。

㉑输送乙二醇溶液的管道系统使用内镀锌管道及配件，不符合规范要求。

㉒空调水系统管道与水泵、制冷机组的接管未按规范要求采用柔性接口，保温管道与套管四周间隙未按规范要求使用不燃绝热材料填塞紧密。

㉓空调水系统的冷（热）水管道与支、吊架之间未设置衬垫。衬垫

的承压强度不满足管道全重，且未用不燃与难燃硬质绝热材料或经防腐处理的木衬垫。衬垫厚度小于绝热层厚度，宽度小于支、吊架支承面的宽度。衬垫的表面不平整，上下两衬垫接合面的空隙未填实。

㉔风管和管道的绝热层、绝热防潮层和保护层未采用不燃或难燃材料，材质、密度、规格与厚度不符合设计要求。

七、建筑电气、智能建筑分部工程质量监督

1. 检查重点及要求

（1）档案资料方面

①检查主要设备、材料合格证及复验报告：

A. 高低压成套配电柜、蓄电池柜、不间断电源柜、应急电源柜、控制柜（台、箱）及动力、照明配电箱（盘），重点查验合格证和随带技术文件，除控制柜（台、箱）外其余要有出厂试验报告。

B. 柴油发电机组，重点查验合格证，发电机及其控制柜应有出厂试验记录。

C. 照明灯具，重点查验合格证和复验报告[传统灯具（非LED灯具）应对照明光源初始光效、灯具镇流器能效值、灯具效率、照明设备功率、功率因数和谐波含量进行复验，LED灯具应对灯具效能、功率、功率因数、色度参数（含色温、显色指数）进行复验]。对游泳池和类似场所灯具（水下灯及防水灯具）的密闭和绝缘性能有异议时，按批抽样送有资质的实验室检测。

D. 开关、插座、接线盒，重点查验合格证。对开关、插座、接线盒及其面板等塑料绝缘材料耐非正常热、耐燃和漏电起痕性能有异议时，按批抽样送有资质的实验室检测。

E. 电线、电缆，重点查验质量证明文件和复验报告。低压配电系统

使用的电线电缆，进场时应对其导体电阻值进行见证取样送检，数量为同厂家各种规格总数的10%，且不少于2个规格。

F. 导管，重点查验合格证。对机械连接的钢导管及其配件的电气连续性有异议时，应按现行国家标准《电气安装用导管系统 第1部分：通用要求》（GB/T 200411–2005）的有关规定进行检验，对塑料导管及配件的阻燃性能有异议时，应按批抽样送有资质的实验室检测。

G. 镀锌制品（支架、接地极、避雷用型钢等），重点查验合格证或镀锌厂出具的镀锌质量证明书。埋入土壤的热浸镀锌钢材应检测其镀锌层厚度不应小于63 μm。对镀锌质量有异议时，应按批抽样送有资质的实验室检测。

H. 桥架、托盘和槽盒，重点查验合格证及出厂检验报告。

I. 母线槽，重点查验合格证和随带安装技术文件。耐火母线槽还应提供由国家认可的检测机构出具的型式检验报告，其耐火时间应符合设计要求。

②施工试验记录，具体包括：

A. 绝缘电阻测试记录。每个配电箱内所有配出回路均需做绝缘电阻测试。

B. 接地电阻测试记录。测试布置简图需明确测试点位置，电阻计算值需满足设计要求。

C. 电气照明系统通电试验记录。按照明配电线路进行测量，公用建筑照明系统通电连续试运行时间为24 h，民用住宅照明系统通电连续试运行时间应为8 h。

D. 灯具的固定及悬吊装置过载试验记录。质量大于10 kg的灯具，固定装置和悬吊装置应按灯具质量的5倍恒定均布载荷做强度试验，且不得大于固定点的设计最大荷载，持续时间不得少于15 min，固定装置及悬吊装置应无明显变形或松动。

③施工隐蔽记录，具体包括：

A. 配管隐蔽记录。镀锌 SC 管采用螺纹连接，连接处两端用专用接地线卡固定 4 mm^2 黄绿双色多芯跨接接地线；JDG 管导管连接件应采用旋压型，不能采用螺纹螺钉紧定型，且连接件壁厚应与直管相同，当连接处的接触电阻值符合现行国家标准《电气安装用导管系统 第 1 部分：通用要求》（GB/T 20041.1–2005）的相关要求时，连接处可不设置保护联结导体，否则应在连接处两端设置保护联结导体；PVC 管采用大一级套管连接，套管长度为连接管外径的 2~3 倍，对口处于套管中心，连接处涂专用胶合剂，接口牢固密封。

B. 穿线隐蔽记录，应明确所穿线缆型号、规格，导线间绝缘电阻均大于 0.5 MΩ。

C. 接地装置隐蔽记录，应明确接地装置所采用的材料及其规格和具体施工做法。

D. 等电位联结隐蔽记录，应明确等电位联结位置、联结线材料、施工做法、联结物等内容。

④检验批质量验收记录，表格中所填写的施工内容要与实际施工相一致。

⑤平均照度与功率密度检测报告，检测部位与标准值应符合设计及规范要求，并注明检测具体位置。

⑥智能建筑检测报告。全部或部分使用财政性资金的国家机关、事业单位和团体组织的项目智能系统检测应由建设单位委托具有相关资质的专业检测机构实施。相关资质是指：通过智能建筑工程检测的计量（CMA）认证，取得计量认证证书；取得中国合格评定国家认可委员会（CNAS）实验室认可评审的实验室认可证书和检查机构认可证书。

⑦电梯（机械停车设备）监督检验报告。报告中安装地点应与项目名称或地名办所确定的地址相一致，且报告中各项检验内容符合要求，报告出具日期应在有效期内。

（2）实体质量方面

①屋面电气设备安装检查要点。

A. 接闪器安装检查。

a. 建筑物顶部的避雷针、避雷带等必须与顶部外露的其他金属物体连成一个整体的电气通路，且与避雷引下线连接可靠。

b. 接闪器（避雷带）应位置正确、平正顺直、无急弯，焊接时的搭接长度及焊接方法应符合以下规定：

扁钢与扁钢搭接为扁钢宽度的 2 倍，不少于三面施焊；圆钢与圆钢搭接为圆钢直径的 6 倍，双面施焊；圆钢与扁钢搭接为圆钢直径的 6 倍，双面施焊；

扁钢与钢管，扁钢与角钢焊接，紧贴角钢外侧两面，或紧贴 3/4 钢管表面，上下两侧施焊；

除埋设在混凝土中焊接接头外，有防腐措施。

B. 航空障碍标志安装检查。

按设计及图集要求对航空障碍标志灯采取避雷保护措施。

②电气竖井内电气设备安装检查要点。

A. 电气竖井内接地装置安装检查。检查电气竖井内是否按设计文件要求安装接地设施。

B. 电气竖井内电缆桥安装和桥架内电缆敷设检查。金属电缆桥架及其支架全长应不少于 2 处与接地（PE）或接零（PEN）干线相连接；非镀锌电缆桥架间连接板的两端跨接铜芯地线，接地线最小允许截面积不小于 4 mm^2 镀锌电缆桥架间连接板的两端可以不跨接接地线，但连接板两端不少于 2 个有防松螺帽或防松垫圈的连接固定螺栓；桥架穿越楼板或隔墙处应进行防火封堵。

③各类配电箱（柜）安装检查要点。

A. 配电箱（柜）内检查。

a. 各类配电箱（柜）内设备及接线应按设计文件要求施工完成。

b. 柜（屏、台、箱、盘）的金属框架及基础型钢必须接地（PE）或接零（PEN）可靠；装有电器的可开启门，门和框架的接地端子间应用截面积不小于 4 mm^2 的黄绿色铜芯软线连接，且有标识。

c. 柜（屏、台、箱、盘）内保护导体（PE）排应有裸露的连接外部保护导体的端子，当设计无要求时，柜（屏、台、箱、盘）内保护导体最小截面积不应小于表 3–4 的规定。

表 3–4　　相线的截面积与相应保护导体的最小截面积

相线的截面积 S（mm^2）	相应保护导体的最小截面积 S_p（mm^2）
$S \leqslant 16$	S
$16 < S \leqslant 35$	16
$35 < S \leqslant 400$	S/2
$400 < S \leqslant 800$	200
$S > 800$	S/4

注：S 指柜（屏、台、箱、盘）电源进线相线截面积，且两者（S、S_p）材质相同。

d. 箱（盘）内配线整齐，无铰接现象。导线连接紧密，不伤芯线，不断股。垫圈下螺丝两侧压的导线截面积相同，同一电器器件端子上导线连接不多于 2 根，防松垫圈等零件齐全。

e. 照明箱（盘）内分别设置零线（N 线）和保护地线（PE 线）汇流排，零线和保护地线经汇流排配出。

f. 电线与电器连接时端部绞紧，且有不开口的终端端子或搪锡，不松散、断股，端子规格应与导线截面积大小适配。

g. 照明配电箱安装位置正确，部件齐全，箱体开孔与导管管径适配，暗装配电箱箱盖紧贴墙面，箱（盘）涂层完整；箱（盘）不采用可燃材料制作；箱（盘）安装牢固，垂直度允许偏差为1.5‰；底边距地面为1.5 m，照明配电板底边距地面不小于1.8 m。

B. 电缆头制作、接线检查。

a. 芯线与电器设备的连接应符合下列规定：

截面积在10 mm^2及以下的单股铜芯线和单股铝/铝合金芯线直接与设备、器具的端子连接；

截面积在2.5 mm^2及以下的多股铜芯线拧紧搪锡或接续端子后与设备、器具的端子连接；

截面积大于2.5 mm^2的多股铜芯线，除设备自带插接式端子外，接续端子后与设备或器具的端子连接，多股铜芯线与插接式端子连接前，端部拧紧搪锡；

多股铝芯线应接续端子后与设备、器具的端子连接，接续端子前应去除氧化层并涂抗氧化剂；

每个设备和器具的端子接线不多于2根导线或2个导线端子。

b. 电线、电缆的芯线连接金具（连接管和端子），规格应与芯线的规格适配，且不得采用开口端子。

④公共部位电气设备安装检查要点。

A. 电线导管、电缆导管和线槽敷设检查。

a. 金属的导管和线槽必须接地（PE）或接零（PEN）可靠，并符合下列规定：

镀锌的钢导管、可挠性导管和金属线槽不得熔焊跨接接地线，以专用接地卡跨接的两卡间连线为铜芯软导线，截面积不小于 4 mm^2。

当非镀锌钢导管采用螺纹连接时，连接处的两端焊跨接接地线；当镀锌钢导管采用螺纹连接时，连接处的两端用专用接地卡固定跨接接地线。

金属线槽不作设备的接地导体，当设计无要求时，金属线槽全长不少于 2 处与接地（PE）或接零（PEN）干线连接。

非镀锌金属线槽间连接板的两端跨接铜芯接地线，镀锌线槽间连接板的两端不跨接接地线，但连接板两端不少于 2 个有防松螺帽或防松垫圈的连接固定螺栓。

机械连接的金属导管，连接配件应选用配套部件，当连接处的接触电阻值符合现行国家标准《电气安装用导管系统 第 1 部分：通用要求》（GB/T 20041.1–2005）的相关要求时，连接处可不设置保护联结导体，否则应在连接处两端设置保护联结导体。

b. 金属导管严禁对口熔焊连接；镀锌和壁厚小于 2 mm 的钢导管不得套管熔焊连接。

c. 金属、非金属柔性导管敷设应符合下列规定：

刚性导管经柔性导管与电气设备、器具连接，柔性导管的长度在动力工程中不大于 0.8 m，在照明工程中不大于 1.2 m；

可挠性金属导管和金属柔性导管不能做接地（PE）或接零（PEN）的连续导体。

B. 专用灯具安装检查。

a. 游泳池和类似场所灯具（水下灯及防水灯具）的等电位联结应可靠，且有明确标识，其电源的专用漏电保护装置应全部检测合格。自电源引入灯具的导管必须采用绝缘导管，严禁采用金属或有金属护层的导管。

b. 严禁在应急照明电源输出回路中连接插座。

C. 电线、电缆穿管和线槽敷线检查。

a. 三相或单相的交流单芯电缆，不得单独穿于钢导管内。

b. 不同回路、不同电压和交流与直流的电线，不应穿于同一导管内；同一交流回电线应穿于同一金属导管内，且管内电线不得有接头。

c. 爆炸危险环境照明线路的电线和电缆额定电压不得低于 750 V，且电线必须穿于钢导管内。

d. 线槽敷线应符合下列规定：

电线在线槽内有一定余量，不得有接头。电线按回路编号分段绑扎，绑扎点间应大于 2 m。

同一回路的相线和零线，敷设于同一金属线槽内。

同一电源的不同回抗干扰要求的线路用隔板隔离，或采用屏蔽电线且屏蔽护套一端接地。

⑤户内电气设备安装检查要点。

A. 普通灯具安装检查。

a. I类灯具外露可导电部分必须采用铜芯软导线与保护导体可靠连接，且有标识，铜芯软导线截面积与进入灯具的电源线截面积相同。

b. 卫生间、厨房、外阳台等场所是否按设计文件要求采取防水措施。

c. 灯具配线是否与设计文件要求一致。

B. 开关、插座安装检查。

a. 插座接线应符合下列规定：

单相两孔插座，面对插座的右孔或上孔与相线连接，左孔或下孔与零线连接；单相三孔插座，面对插座的右孔与相线接连，左孔与零线连接。

单相三孔、三相四孔及三相五孔插座接地（PE）或接零（PEN）线接在上孔，插座的接地端子不与零线端子连接。同一场所的三相插座，接线的相序一致。

接地（PE）或接零（PEN）线在插座间不串联连接。

相线与中性导体（N）不应利用插座本体的接线端子转接供电。

b. 潮湿场所是否按设计文件要求采用防溅密闭型插座。

c. 当不采用安全型插座时，托儿所、幼儿园及小学等儿童活动场所安装高度不小于 1.8 m。

2. 常见问题规范化描述

（1）档案资料方面

①电线、电缆合格证及复验报告不齐全或与设计文件要求不符；

②绝缘电阻测试记录、接地电阻测试记录、照明通电试运行记录填写与实际不符或与设计文件不符；

③配管、穿线隐蔽记录填写与设计文件不符；

④缺少平均照度与功率密度检测报告；

⑤缺少智能建筑检测报告；

⑥缺少电梯（机械停车设备）监督检验报告。

（2）实体质量方面

①屋面电气设备安装。

A. 接闪器（避雷带）现场选用材质与设计文件要求不符；

B. 接闪器（避雷带）安装位置与设计文件要求不符；

C. 接闪器（避雷带）存在锈蚀现象；

D. 接闪器（避雷带）安装不平正顺直；

E. 接闪器（避雷带）连接处搭接长度不满足规范要求；

F. 接闪器（避雷带）固定点支持件不满足设计或规范要求；

G. 突出屋面的非带电金属部件未与避雷装置连成整体电气通路，不满足规范要求；

H. 航空障碍标志灯未按设计文件采取避雷保护措施，不满足规范要求。

②电气竖井内电气设备安装。

A. 电气竖井内未按设计文件要求敷设接地干线；

B. 桥架（线槽、电气线路）穿越楼板或隔墙处未进行防火或有效防火封堵，不满足规范要求；

C. 金属电缆桥架（线槽）未与接地保护导体连接，不满足规范要求；

D. 非镀锌金属桥架未做跨接接地连接，不满足规范要求。

③电源进户箱。

A. 进线开关规格型号与设计文件要求不符；

B. 进线规格型号与设计文件要求不符；

C. 配出回路开关规格型号与设计文件要求不符；

D. 配出线缆规格型号与设计文件要求不符；

E. 零线（PE 线）汇流排同一端子接线数多于 2 根，不满足规范要求；

F. 零线（PE 线）端子规格与芯线截面积不适配；

G. 箱内零线（PE 线）汇流排未与接地干线连接，不满足设计和规范要求；

H. 箱内未设置零线（PE 线）汇流排，不满足规范要求；

I. 箱体开孔与导管（桥架）管径不适配，不满足规范要求；

J. 箱体涂层不完整，不满足规范要求；

K. 配电箱安装位置与设计文件要求不符。

④集中计量表箱。

A. 集中计量表箱内未按设计文件要求安装电能表；

B. 箱内进线开关规格型号与设计文件要求不符；

C. 进线规格型号与设计文件要求不符；

D. 配出回路规格型号与设计文件要求不符；

E. 配出线缆规格型号与设计文件要求不符；

F. 零线（PE 线）汇流排同一端子接线数多于 2 根，不满足规范要求；

G. 零线（PE 线）端子规格与芯线截面积不适配；箱内未设置零线（PE 线）汇流排，不满足规范要求；

H. 箱体开孔与导管（桥架）管径不适配，不满足规范要求；

I. 箱体涂层不完整，不满足规范要求。

⑤应急照明箱。

A. 应急照明箱内未按设计文件要求安装蓄电池；

B. 箱内进线开关规格型号与设计文件要求不符；

C. 进线规格型号与设计文件要求不符；

D. 配出回路开关规格型号与设计文件要求不符；

E. 配出线缆规格型号与设计文件要求不符；

F. 零线（PE 线）汇流排同一端子接线数多于 2 根，不满足规范要求；

G. 箱内未设置零线（PE 线）汇流排，不满足规范要求；

H. 箱体开孔与导管（桥架）管径不适配，不满足规范要求；

I. 箱体涂层不完整，不满足规范要求。

⑥公共部位电气设备安装。

A. 金属导管规格型号与设计文件要求不符，连接配件未按规范要求选用配套部件，连接方式不满足规范要求；

B. 明敷设金属导管、非镀锌金属桥架（线槽）未按设计文件要求进行防火处理，连接处未按规范要求做跨接接地连接；

C. 应急照明灯电源回路中设置插座，不满足规范要求；

D. 三相或单相的交流单芯电缆，单独穿于钢导管内，不满足规范要求。

⑦户内气设备安装。

A. 户内用户配电箱未按设计文件要求施工完成；

B. 户内用户配电箱安装位置与设计文件要求不符；

C. 户内照明、插座、智能建筑工程未按设计文件要求施工完成；

D. 户内智能插座未按设计文件要求施工完成；

E. 未按设计文件要求安装智能配线箱；

F. 户内插座未安装完成；

G. 户内可视对讲分机未按设计文件要求安装完成；

H. 户内用户配电箱进线 / 进线开关规格型号与设计文件要求不符；

I. 户内用户配电箱配出回路数、配出线缆规格型号与设计文件要求不符；

J. 户内配电箱未设置零线（PE 线）汇流排，不满足规范要求；

K. 户内配电箱零线（PE 线）汇流排同一端子接线数多于 2 根，不满足规范要求；

L. 照明灯具安装位置、数量与设计文件要求不符；

M. 照明灯具配线规格型号与设计文件要求不符；

N. 厨房、卫生间、阳台灯具未按设计文件要求采取防水措施；

O. 插座安装位置、数量与设计文件要求不符；

P. 插座内接线规格型号与设计文件要求不符；

Q. 插座内接线处理不满足规范要求；

R. 厨房、卫生间内插座未按设计文件要求采用防溅型插座；

S. 卫生间内未按设计文件要求安装等电位端子箱；

T. 卫生间内等电位端子箱未按设计文件要求引入接地扁钢；

U. 卫生间内插座零线（PE 线）未按设计文件或规范要求与等电位端子箱内汇流排做等电位联结；

V. 卫生间内金属部件未按设计文件要求与等电位端子箱内汇流排做等电位联结。

八、建筑节能分部工程质量监督

（一）外墙保温工程

1. 检查重点及要求

（1）档案资料方面

①外墙保温部分设计文件中节点详图、构造做法和材料性能指标必须完备。设计单位在设计外墙外保温系统时，应在设计文件中标明基层与保温层、保温层与饰面层之间的粘结强度和外保温系统的相容性、耐候性、耐冻融、抗风荷载等性能要求，确保保温层和饰面层的安全性和耐久性。当工程设计变更时，建筑节能性能不得降低。

②外墙保温工程使用的材料、设备等必须符合设计要求及国家有关标准的规定（具体内容参考附录 J）。

A. 外墙保温工程应采用预制构件、定型产品或成套技术，并应具备同一供应商提供的配套组成材料和型式检验报告。型式检验报告应包括配套组成材料的名称、生产单位、规格型号、主要性能参数。外墙保温系统型式检验报告应包括耐候性、抗风压性、耐冻融性、抗冲击性、吸水量、热阻、抹面不透水性、防护层水蒸气渗透阻等性能检验项目，型式检验报告有效期为 2 年（外墙外保温系统的耐候性能试验应包含防火隔离带）。

B. 外墙外保温系统中保温材料、粘结材料等进场时，除核查质量证明文件外，还应核查以下相关性能的复验报告：

a. 保温材料的导热系数或热阻、密度、抗压强度或压缩强度、吸水率、燃烧性能（不燃材料除外）及垂直于板面方向的抗拉强度（仅限墙体）；

b. 复合保温板等墙体节能定型产品的传热系数或热阻、单位面积质量、拉伸粘结强度及燃烧性能（不燃材料除外）；

c. 保温砌块等墙体节能定型产品的传热系数或热阻、抗压强度及吸水率；

d. 墙体反射隔热材料的太阳光反射比及半球发射率；

e. 墙体粘结材料的拉伸粘结强度；

f. 墙体抹面材料的拉伸粘结强度及压折比；

g. 墙体增强网的力学性能及抗腐蚀性能。

C. 外墙外保温工程及墙体节能工程还应核查是否进行以下现场检验：

a. 保温板材与基层之间的拉伸粘结强度现场拉拔试验（粘贴保温板薄抹灰外保温系统现场检验保温板与基层墙体拉伸粘结强度不应小于0.10 MPa，且应为保温板破坏）；

b. 后置锚固件应进行锚固力现场拉拔试验（仅起辅助作用的锚固件除外）；

c. 建筑外墙节能构造的现场实体检验（包括墙体保温材料的种类、保温层厚度和保温构造做法）。

另外，采用粘贴固定的外保温系统，施工前应做基层墙体与胶粘剂的拉伸粘结强度检验，拉伸粘结强度不应低于0.3 MPa，且粘结界面脱开面积不应大于50%。

③外墙外保温工程及墙体节能工程除应核查材料报验资料外，还应核查以下工程报验资料：

A. 记录详细施工方案及工艺的隐蔽工程验收记录。

B. 墙体节能工程的检验批质量验收记录。

（2）实体质量方面

①对下列项目进行重点检查，核查现场实物是否与设计文件或规范要求相符：被封闭的保温材料厚度；锚固件及锚固节点做法；增强网铺设；

抹面层厚度；墙体热桥部位处理；保温装饰板、预置保温板或预制保温墙板的位置、界面处理、板缝、构造节点及固定方式；现场喷涂或浇注有机类保温材料的界面；保温隔热砌块墙体；各种变形缝处的节能施工做法。

②保温隔热材料厚度应符合设计要求。

③对于使用粘贴法施工的保温隔热材料应现场核查粘结面积是否符合设计及相关规程规定。墙体保温板材与基层之间及各构造层之间的粘结或连接必须牢固；保温板材与基层的连接方式、拉伸粘结强度和粘结面积比应符合设计要求；保温板材与基层之间的拉伸粘结强度应进行现场拉拔试验，且不得在界面破坏；粘结面积比应进行剥离检验。

A. 保温板应采用点框粘法或条粘法固定在基层墙体上，EPS 板与基层墙体的有效粘贴面积不得小于保温板面积的 40%，并宜使用锚栓辅助固定。XPS 板和 PUR 板或 PIR 板与基层墙体的有效粘贴面积不得小于保温板面积的 50%，并应使用锚栓辅助固定。

B. 墙角处保温板应交错互锁。门窗洞口四角处保温板不得拼接，应采用整块保温板切割成形。

④当采用保温浆料作外保温时，应检查保温层与基层及各层之间的粘结是否牢固，确保不脱层、空鼓和开裂。厚度大于 20 mm 的保温浆料应分层施工。保温浆料与基层之间及各层之间的粘结必须牢固，不应脱层、空鼓和开裂。

⑤当保温层采用预埋或后锚固件固定式，锚固件数量、位置、锚固深度、胶结材料性能和锚固力应符合设计和施工方案的要求。

⑥保温装饰板的装饰面板应使用锚固件可靠固定，锚固力应做现场拉拔试验。保温装饰板板缝不得渗漏。

⑦对于寒冷地区外墙热桥部位，应检查是否按设计要求采取节能保温等隔断热桥措施。

⑧墙体节能工程各层构造做法应符合设计要求，并应按审批的施工方案施工。

⑨外保温工程的饰面层当需采用饰面砖时，应依据国家现行相关标准制定专项技术方案和验收方法，并应组织专题论证。

⑩当薄抹灰外保温系统采用燃烧性能等级为B1或B2级的保温材料时，首层防护层厚度不应小于15 mm，其他层防护层厚度不应小于5 mm且不宜大于6 mm，并应在外保温系统中每层设置水平防火隔离带。

2. 常见问题规范化描述

（1）档案资料方面

①外墙保温工程设计变更未经审图机构审查。

②缺少外墙保温系统型式检验报告。

③缺少保温材料、胶粘剂、玻纤网、抹面胶浆等材料合格证、出厂检验报告和复验报告。

④缺少保温板材与基层粘结强度现场拉拔试验报告。

⑤缺少保温材料燃烧性能复验报告。

⑥缺少外墙节能构造实体检验报告。

（2）实体质量方面

①保温材料厚度不满足设计文件要求。

②保温板有效粘结面积小于保温板面积的40%，不满足规范要求。

③保温板接缝离开门窗洞口角部小于200 mm，不满足规程要求。

④建筑门窗框外侧洞口保温材料厚度不满足设计文件要求。

⑤防火隔离带未按规程要求与基层墙体进行全面积粘结。

（二）屋面保温工程

1. 检查重点及要求

（1）档案资料方面

①屋面保温部分设计文件中节点详图、构造做法和材料指标必须完备。

②屋面工程所采用的保温隔热材料、构件应进行进场验收，验收结果应经监理工程师检查认可，且应形成相应的验收记录。各种材料和构件的质量证明文件与相关技术资料应齐全，并应符合设计要求和国家现行有关标准的规定。

③屋面节能工程使用的材料进场时，应对其下列性能进行复验，复验应为见证取样检验：

A. 保温隔热材料的导热系数或热阻、密度、压缩强度或抗压强度、吸水率、燃烧性能（不燃材料除外）；

B. 屋面反射隔热材料的太阳光反射比及半球发射率。

（2）实体质量方面

①对下列项目进行重点检查，核查现场实物是否与设计文件或规范要求相符：基层及其表面处理；保温材料的种类、厚度，保温层的敷设方式；板材缝隙填充质量；屋面热桥部位处理；隔汽层。

②屋面保温层的敷设方式、厚度、缝隙填充质量及屋面热桥的保温做法，必须符合设计要求和有关标准规定。其中，板状材料保温层的主要要求如下：

A. 板状材料保温层干铺法施工时，板状保温材料应紧靠在基层表面上，并应铺平垫稳。分层铺设的板块上下层接缝应相互错开，板间缝隙应采用同类材料的碎屑嵌填密实。

B. 板状材料保温层粘贴法施工时，板状保温材料应贴严、粘牢，平面接缝应挤紧拼严，不得在板块侧面涂抹胶粘剂，超过 2 mm 的缝隙应采用相同材料板条或片填塞严实。

C. 板状材料保温层机械固定法施工时，应选择专用螺钉和垫片，固定片和结构层之间应连接牢靠。

D. 板状材料保温层的厚度应符合设计要求，其正偏差应不限，负偏差应为 5%，且不得大于 4 mm。

③采用有机类保温隔热材料的屋面，防火隔离措施应符合设计和现行国家标准《建筑设计防火规范》（GB 50016–2014）的规定。

2. 常见问题规范化描述

（1）档案资料方面

①缺少屋面保温材料合格证、出厂检验报告和复验报告。

②缺少屋面保温材料燃烧性能复验报告。

（2）实体质量方面

①屋面保温材料厚度不满足设计文件要求。

②屋面保温相邻板块未错缝拼接，板间缝隙超过 2 mm 未采用同类材料填实，不满足规范要求。

③分层铺设的保温板块上下层接缝未相互错开，不满足规范要求。

④屋顶与外墙交界处、屋顶开口部位四周的保温层，未按规范要求采用宽度不小于 500 mm 的 A 级保温材料设置水平防火隔离带。

（三）其他主要节能工程

1. 检查重点及要求

（1）进场材料和设备的复验应符合表 3–5 的规定。

表 3–5　　其他节能工程进场材料和设备的复验项目

序号	分项工程	主要内容
1	供暖节能工程	①散热器的单位散热量、金属热强度； ②保温材料的导热系数或热阻、密度、吸水率
2	通风与空气调节节能工程	①风机盘管机组的供冷量、供热量、风量、水阻力、功率及噪声；②绝热材料的导热系数或热阻、密度、吸水率
3	空调与供暖系统的冷热源及管网节能工程	绝热材料的导热系数或热阻、密度、吸水率
4	配电与照明节能工程	①照明光源初始光效； ②照明灯具镇流器能效值； ③照明灯具效率； ④照明设备功率、功率因数和谐波含量值； ⑤电线、电缆的导体电阻值
5	太阳能光热系统节能工程	①集热设备的热性能； ②保温材料的导热系数或热阻、密度、吸水率

（2）其他节能工程的设备系统节能性能检测应符合表 3–6 的规定。

表 3–6 设备系统节能性能主要检测项目及要求

序号	检测项目	抽样数量	允许偏差或规定值
1	室内平均温度	以房间数量为受检样本基数，抽样数量按《建筑节能工程施工质量验收标准》（GB 50411–2019）3.4.3 条的规定执行，且均匀分布，并具有代表性。对于面积大于 100 m^2 的房间或空间，可按每 100 m^2 划分为多个受检样本。 公共建筑的不同典型功能区域检测部位不应少于 2 处	冬季不得低于设计计算温度 2℃，且不应高于 1℃；夏季不得高于设计计算温度 2℃，且不应高于 1℃
2	通风、空调（包括新风）系统的风量	以系统数量为受检样本基数，抽样数量按《建筑节能工程施工质量验收标准》（GB 50411–2019）3.4.3 条的规定执行，且不同功能的系统不应少于 1 个	符合现行国家标准《通风与空调工程施工质量验收规范》（GB 50243–2016）有关规定的限值
3	各风口的风量	以风口数量为受检样本基数，抽样数量按《建筑节能工程施工质量验收标准》3.4.3 条的规定执行，且不同的系统不应少于 2 个	与设计风量的允许偏差不大于 15%
4	风道系统单位风量耗功率	以风机数量为受检样本基数，抽样数量按《建筑节能工程施工质量验收标准》（GB 50411–2019）3.4.3 条的规定执行，且不应少于 1 台	符合现行国家标准《公共建筑节能设计标准》（GB 50189–2015）规定的限值

续表

序号	检测项目	抽样数量	允许偏差或规定值
5	空调机组的水流量	以空调机组数量为受检样本基数，抽样数量按《建筑节能工程施工质量验收标准》(GB 50411–2019)3.4.3条的规定执行	定流量系统允许偏差为15%，变流量系统允许偏差为10%
6	空调系统冷水、热水、冷却水的循环流量	全数检测	与设计循环流量的允许偏差不大于10%
7	室外供暖管网水力平衡度	热力入口总数不超过6个时，全数检测；超过6个时，应根据各个入口距热源距离的远近，按近端、远端、中间区域各抽检2个热力入口	0.9~1.2
8	室外供暖管网热损失率	全数检测	不大于10%
9	照度与照明功率密度	每个典型功能区域不少于2处，且均匀分布，并具代表性	照度不低于设计值的90%，照明功率密度值不应大于设计值

2. 常见问题规范化描述

（1）档案资料方面

①缺少散热器复验报告或散热器复验报告检验内容与规范要求不符。

②缺少供暖用保温材料复验报告或供暖用保温材料复验报告检验内

容与规范要求不符。

③缺少风机盘管机组复验报告或风机盘管机组复验报告检验内容与规范要求不符。

④缺少通风与空调系统用保温材料复验报告或通风与空调系统用保温材料复验报告检验内容与规范要求不符。

⑤缺少空调（供暖）系统冷热源及管网用保温材料复验报告或空调（供暖）系统冷热源及管网用保温材料复验报告检验内容与规范要求不符。

⑥缺少灯具复验报告或灯具复验报告检验内容与设计文件或规范要求不符。

⑦缺少电线、电缆复验报告。

⑧缺少太阳能光热系统集热设备和保温材料复验报告。

⑨太阳能光热系统集热设备和保温材料复验报告检验内容与规范要求不符。

⑩缺少室内平均温度检测报告或室内平均温度检测报告检测内容与设计文件或规范要求不符。

⑪缺少通风、空调系统风量检测报告或通风、空调系统风量检测报告检测内容与设计文件或规范要求不符。

⑫缺少风口风量检测报告或风口风量检测报告检测内容与设计文件或规范要求不符。

⑬缺少风道系统单位风量耗功率检测报告或风道系统单位风量耗功率检测报告检测内容与设计文件或规范要求不符。

⑭缺少空调机组的水流量检测报告或空调机组的水流量检测报告检测内容与设计文件或规范要求不符。

⑮缺少空调系统冷水、热水、冷却水的循环流量检测报告或空调系统冷水、热水、冷却水的循环流量检测报告检测内容与设计文件或规范

要求不符。

⑯缺少室外供暖管网水力平衡度检测报告或室外供暖管网水力平衡度检测报告检测内容与设计文件或规范要求不符。

⑰缺少室外供暖管网热损失率检测报告或室外供暖管网热损失率检测报告检测内容与设计文件或规范要求不符。

⑱缺少照度与照明功率密度检测报告或照度与照明功率密度检测报告中实测数值不满足设计文件或规范要求。

（2）实体质量方面

①照明灯具未按设计文件安装完成或照明灯具安装位置、数量与设计文件要求不符。

②配电箱（箱号）内配出回路电线、电缆规格型号与设计文件要求不符。

③散热器采暖工程未施工完成或散热器安装数量、位置与设计文件要求不符。

④户内分集水器安装位置与设计图纸不符，地热加热管敷设走向与设计图纸不符。

⑤水暖管井内热计量表未安装，采暖支管未做保温，采暖回水支管上未按设计文件要求安装平衡阀，采暖立管保温材质与设计文件要求不一致。

⑥地热系统未按设计文件要求安装自力式恒温控制阀。

⑦风机盘管机组安装位置、数量与设计文件不一致。

⑧空调水系统管道部分绝热层未按设计文件要求施工完成。

⑨地下车库给水管道未按设计文件要求采取保温措施。

（四）建筑节能分部工程

1. 建筑节能分部工程质量验收应具备的条件

（1）检验批、分项、子分部工程全部验收合格。

（2）应通过外窗气密性能现场检测、围护结构墙体节能构造实体检验、设备系统功能检验和无生产负荷系统联合试运转与调试。

（3）施工单位、设计单位、监理单位分别在建筑节能分部工程质量验收报告中签署了质量评定意见、质量检查意见、质量评估意见，并同意验收。

2. 建筑节能分部工程质量验收的程序

（1）建筑节能分部工程质量验收应由总监理工程师（或建设单位项目负责人）负责组织验收组人员共同验收，验收组人员中除总监理工程师（或建设单位项目负责人）外，还应有施工单位质量或技术负责人、项目经理、项目技术负责人和相关专业质量检查员、施工员和设计单位节能设计人员以及各相关专业监理工程师参加。

（2）总监理工程师（或建设单位项目负责人）组织建筑节能分部工程质量验收。

①设计、施工、监理单位分别汇报节能工程施工内容完成情况和执行法律、法规、工程建设强制性标准的情况；

②审阅设计、施工、监理单位的工程档案资料；

③实地查验节能工程质量；

④对工程设计、施工、设备安装质量和各管理环节等方面作出全面评价，形成经验收组人员签署的节能分部工程质量验收意见。

参与分部工程质量验收的各方不能形成一致意见时，应协商提出解决办法，待意见一致后，重新组织分部工程质量验收。

（3）工程质量监督机构对分部工程质量验收的组织形式和验收程序进行监督，发现有违反建筑节能质量管理规定行为的，应责令改正，并要求重新组织建筑节能分部工程质量验收。

（4）建筑节能分部工程质量验收合格后，应及时形成建筑节能分部工程质量验收报告。

3. 相关要求

（1）建设单位要委托具有国家和省建设主管部门批准的建筑能效测评资质和建筑节能检测资质的检测机构，开展建筑节能工程现场检验；监理单位要见证节能工程现场检验的实施；建筑节能工程现场检验的资料要纳入竣工技术档案。

（2）当采暖与空调工程安装完成，应进行的检测项目受季节影响无法进行检测时，建设单位应委托具有相应资质的检测机构在保修期内补做。建设单位与检测机构签署委托检测合同时，应在合同中明确具体检测时间、具体检测部位，检测合同应在质量监督机构进行备案。建设单位也应与房屋买受人签署协议，将具体检测部位在协议中进行约定。如在保修期内补做的检测项目不合格，应采取具体措施解决。

第四章　工程竣工验收质量监督

房屋建筑工程竣工验收工作由建设单位负责组织实施，工程质量监督机构应当对工程竣工验收的组织形式、验收程序、执行验收标准等情况进行现场监督，发现有违反建设工程质量管理规定行为的，责令改正，并将对工程竣工验收的监督情况作为工程质量监督报告的重要内容，工程未经竣工验收或验收不合格的，不得交付使用。

一、工程竣工验收条件

（一）完成工程设计和合同约定的各项内容。

（二）施工单位在工程完工后对工程质量进行了检查，确认工程质量符合有关法律、法规和工程建设强制性标准，符合设计文件及合同要求，并提出工程竣工报告。工程竣工报告应经项目经理和施工单位有关负责人审核签字。

（三）对于委托监理的工程项目，监理单位在工程完工后对工程进行了质量评估，具有完整的监理资料，并提出工程质量评估报告。工程质量评估报告应经总监理工程师和监理单位有关负责人审核签字。

（四）勘察、设计单位对勘察、设计文件及施工过程中由设计单位签署的设计变更通知书进行了检查，并提出质量检查报告。质量检查报告应经该项目勘察、设计负责人和勘察、设计单位有关负责人审核签字。

（五）有完整的技术档案和施工管理资料。

（六）有工程使用的主要建筑材料、建筑构配件和设备的进场试验报告，以及工程质量检测和功能性试验资料。

（七）建设单位已按合同约定支付工程款。

（八）有施工单位签署的工程质量保修书。

（九）对于住宅工程，进行分户验收并验收合格，建设单位按户出具住宅工程质量分户验收表。

（十）建设主管部门及工程质量监督机构责令整改的问题全部整改完毕。

（十一）法律、法规规定的其他条件。

二、工程竣工验收程序

（一）工程完工后，施工单位向建设单位提交工程竣工报告，申请工程竣工验收。实行监理的工程，工程竣工报告须经总监理工程师签署意见。

（二）建设单位收到工程竣工报告后，对符合竣工验收要求的工程，组织勘察、设计、施工、监理等单位项目负责人和其他有关方面的专家组成验收组，制定验收方案。

（三）建设单位应当在工程竣工验收前 7 个工作日内将验收时间、地点及验收组名单书面通知负责监督该房屋建筑工程的工程质量监督机构。

（四）建设单位组织工程竣工验收，应按下列程序进行：

1. 建设、勘察、设计、施工、监理单位分别汇报工程合同履约情况和在工程建设各个环节中执行法律、法规和工程建设强制性标准的情况。

2. 审阅建设、勘察、设计、施工、监理单位的工程档案资料。

3. 实地查验工程质量。

4. 对工程勘察、设计、施工、设备安装质量和各管理环节等方面作出全面评价，形成经验收组人员签署的工程竣工验收意见。参与工程验收的建设、勘察、设计、施工、监理等各方不能形成一致意见时，应当协商提出解决的方法，待意见一致后，重新组织工程竣工验收。

三、工程竣工验收监督抽查要点

（一）工程质量监督机构应当核查竣工验收组人员是否满足规范要求且应与验收组名单一致，对工程竣工验收的组织形式、程序等是否符合有关规定进行监督，如发现有违反建设工程质量管理规定行为的，由工程质量监督机构责令改正，并要求建设单位重新组织工程竣工验收。

（二）工程技术档案资料。

1. 工程竣工图纸。

2. 勘察单位和设计单位的质量检查报告、工程竣工报告、工程质量评估报告、房屋建筑工程质量保修书。

3. 施工单位档案资料。

（1）检查主要建筑材料、构配件、设备等产品质量证明文件和复验报告。

（2）检查检验批质量验收记录。

（3）检查隐蔽工程质量验收记录和施工记录。

（4）检查工程安全和功能检验资料及主要功能抽查记录。

4. 监理单位档案资料。

对监理单位质量管理文件和质量控制文件进行抽查。

（三）现场实体质量。

相关内容具体参考附录 K《竣工验收监督检查要点》。

四、其他

（一）工程质量保证金预留审核

实行国库集中支付的政府投资项目，工程质量保证金管理按国库集中支付的有关规定执行，其他政府投资项目，工程质量保证金可以预留在财政部门或发包方。社会投资项目建设单位按照《建设工程质量保证金管理办法》（建质〔2017〕138号）与施工单位确定保证金的预留方式、期限和金额。

监督机构在监督工程竣工验收前应检查金融机构或财政部门出具的保证金预留凭证或其他保证条件（相关规定参考附录L《建设工程质量保证金管理办法》）。

（二）工程标牌

工程竣工验收前，施工单位应制作工程标牌，并镶嵌在建筑物外墙的显著部位，如主入口处或临街的山墙处。工程标牌镌刻的字迹应清晰醒目，工程标牌应包括以下内容：工程名称、竣工日期；建设、设计、勘察、监理、施工单位全称；建设、设计、勘察、监理、施工单位负责人姓名。

（三）维修工作联系卡

经分户验收合格的住宅工程，在住户入住前应在住户分户门内侧张贴维修工作联系卡，对住户进行提示。维修工作联系卡应包括以下内容：

1. 保修范围和保修期限。

2. 施工单位工程质量保修负责人姓名、电话以及办公地点。

3. 物业公司名称、电话。

4. 工程质量保修程序和处理时限。

5. 建设单位工程质量保修监督电话。

（四）工程竣工验收报告

工程竣工验收合格后，建设单位应当及时提交工程竣工验收报告。工程竣工验收报告主要包括工程概况，建设单位执行基本建设程序情况，对工程勘察、设计、施工、监理等方面的评价，工程竣工验收时间、程序、内容和组织形式，工程竣工验收意见等内容。工程竣工验收报告还应附有下列文件：

1. 建筑工程施工许可证。

2. 施工图设计文件审查意见。

3. 工程竣工报告、工程质量评估报告、勘察和设计单位质量检查报告、由施工单位签署的工程质量保修书。

4. 验收组人员签署的工程竣工验收意见。

5. 法规、规章规定必须提供的其他文件。

第五章　形成工程质量监督报告及建立工程质量监督档案

一、形成工程质量监督报告

工程质量监督机构应在工程竣工验收之日起5日内，向工程竣工验收备案部门提交工程质量监督报告。工程质量监督报告应包括以下内容：

（一）工程概况和监督工作概况；

（二）对工程质量责任主体和检测（监测）单位的质量行为及执行工程建设强制性标准规定等的检查情况；

（三）工程实体质量监督抽查（包括监督检测）情况；

（四）工程质量技术档案和施工管理资料抽查情况；

（五）工程质量问题的整改情况和质量事故处理情况；

（六）各方工程质量责任主体及相关有资格人员的不良记录内容；

（七）工程质量竣工验收监督记录；

（八）对工程竣工验收备案的建议。

工程质量监督报告应由负责该项目的质量监督人员编写，有关专业监督人员签字，工程质量监督机构负责人审查。

二、建立工程质量监督档案

工程质量监督机构应配备专门或兼职档案工作人员，统一管理本单位的工程质量监督档案，建立健全档案管理制度。

由监督人员负责收集整理工程质量监督中所形成的具有保存价值的各种文字、图表、图片、声像等文件资料；在收到建设单位工程竣工验收报告之日起20个工作日内形成工程监督档案。工程监督档案包括：

（一）工程项目监督工作计划；

（二）工程质量行为监督记录；

（三）地基基础、主体结构工程抽查（包括监督检测）记录；

（四）工程质量竣工验收监督记录；

（五）工程质量监督报告；

（六）工程质量责任主体和质量检测（监测）等单位不良记录；

（七）施工中发生质量问题的整改和质量事故处理的有关资料；

（八）工程监督过程中形成的影像资料；

（九）其他有关资料。

第六章　房屋建筑工程质量监督管理疑难问题解答

一、通用要求

（一）采用新材料、新工艺、新技术、新设备时，如何处理？

答：按照《建筑工程施工质量验收统一标准》（GB 50300-2013）第3.0.5条相关要求，为适应建筑工程行业的发展，鼓励“四新”技术的推广应用，保证建筑工程验收的顺利进行，本条规定对国家、行业、地方标准没有具体验收要求的分项工程及检验批，可由建设单位组织制定专项验收要求，专项验收要求应符合设计意图，包括分项工程及检验批的划分、抽样方案、验收方法、判定指标等内容，监理、设计、施工等单位可参与制定。为保证工程质量，重要的专项验收要求应在实施前组织专家论证。按照《建筑施工组织设计规范》（GB/T 50502-2009）第5.2.5条相关要求，对于工程施工中开发和使用的新技术、新工艺应作出部署，对新材料和新设备的使用应提出技术及管理要求。按照《建设工程监理规范》（GB/T 50319-2013）第5.2.4条相关要求，专业监理工程师应审查施工单位报送的新材料、新工艺、新技术、新设备的质量认证材料和相关验收标准的适用性，必要时，应要求施工单位组织专题论证，审查合格后报总监理工程师签认。

（二）项目现场是否需要设置混凝土试块标养室？

答：按照《混凝土结构工程施工规范》（GB 50666-2011）第 8.5.10 条相关要求，施工现场应具备混凝土标准试件制作条件，并应设置标准试件养护室或养护箱。

（三）材料的复验报告是不是必须按照单体建筑来复验？

答：《建筑工程施工质量验收统一标准》（GB 50300-2013）第 3.0.4 条规定，符合下列条件之一时，可按相关专业验收规范的规定适当调整抽样复验、试验数量，调整后的抽样复验、试验方案应由施工单位编制，并报监理单位审核确认：1. 同一项目中由相同施工单位施工的多个单位工程，使用同一生产厂家的同品种、同规格、同批次的材料、构配件、设备；2. 同一施工单位在现场加工的成品、半成品、构配件用于同一项目中的多个单位工程；3. 在同一项目中，针对同一抽样对象已有检验成果可以重复利用。同时《混凝土结构工程施工质量验收规范》（GB 50204-2015）第 3.0.8 条规定，混凝土结构工程采用的材料、构配件、器具及半成品应按进场批次进行检验。属于同一工程项目且同期施工的多个单位工程，对同一厂家生产的同批材料、构配件、器具及半成品，可统一划分检验批进行验收。

（四）施工验收资料缺失时，如何处理？

答：按照《建筑与市政工程施工质量控制通用规范》（GB 55032-2022）第 2.0.7 条的条文说明，工程施工时应保证质量控制资料齐全完整，但实际工程中偶尔会遇到遗漏、丢失或因火灾、暴雨等不可抗力原因而导致部分施工验收资料不齐全的情况，使工程无法正常验收。因此，可有针对性地进行工程质量检验，采取实体检验或抽样试验的方法确定实际工程的质量状况。上述工作应由有资质的检测机构完成，出具的检测报告应作为工程质量验收资料的一部分。

（五）节能分部工程需要哪些人员参与验收?

答：按照《建筑与市政工程施工质量控制通用规范》（GB 55032-2022）第 4.3.3 条相关要求，分部工程应由总监理工程师组织施工单位项目负责人和项目技术负责人等进行验收。勘察、设计单位项目负责人和施工单位技术、质量部门负责人应参加地基与基础分部工程的验收，设计单位项目负责人和施工单位技术、质量部门负责人应参加主体结构、节能分部工程的验收。

二、结构专业

（一）地基基础工程

1. 检测单位是否应该编制检测方案?

答：根据《建筑基桩检测技术规范》（JGJ 106-2014）第 3.2.1 条、第 3.2.3 条相关要求，桩基础检测单位应在检测前制定检测方案，检测方案的内容宜包括：工程概况、地基条件、桩基设计要求、施工工艺、检测方法和数量、受检桩选取原则、检测进度以及所需的机械或人工配合。

2. 桩基成孔能选择人工挖孔的施工工艺吗?

答：根据 2021 年 12 月 14 日住建部印发的《房屋建筑和市政基础设施工程危及生产安全施工工艺、设备和材料淘汰目录（第一批）》明确有关人工挖孔桩限制施工的条件说明，基桩人工挖孔工艺存在下列条件之一的区域不得使用：（1）地下水丰富、软弱土层、流沙等不良地质条件的区域；（2）孔内空气污染物超标准；（3）机械成孔设备可以到达的区域。

3. 对桩底持力层及桩底基岩完整性的检验有什么要求?

答：（1）依据《建筑地基基础设计规范》（GB 50007–2011）第10.2.13条的条文说明，人工挖孔桩应逐孔进行终孔验收，终孔验收的重点是持力层的岩土特征。所以人工挖孔桩终孔时，应逐孔进行桩端持力层检验。

（2）依据《建筑地基基础工程施工质量验收标准》（GB 50202–2018）第5.7.4条相关要求，人工挖孔桩应复验孔底持力层土岩性，嵌岩桩应有桩端持力层的岩性报告。依据《建筑地基基础设计规范》（GB 50007–2011）第10.2.13条的条文说明，对单柱单桩的大直径嵌岩桩，承载能力主要取决嵌岩段岩性特征和下卧层的持力性状，终孔时，应用超前钻逐孔对孔底下3 d或5 m深度范围内持力层进行检验，查明是否存在溶洞、破碎带和软夹层等，并提供岩芯抗压强度试验报告。

（3）在工程勘察阶段进行了一桩一勘检测，且已探明桩底3 d或5 m深度范围内不存在溶洞、破碎带和软夹层持力层的桩基础工程，可不再对桩底持力层进行检验。

（4）因为相关规范中无物探检测方法，所以桩底持力层检验不可采用物探检测方法。

（5）依据《建筑地基基础设计规范》（GB 50007–2011）第10.2.13条的条文说明，终孔验收如发现与勘察报告及设计文件不一致，应由设计人提出处理意见。

4. 桩的完整性和静载试验顺序有何要求?

答：根据《建筑基桩检测技术规范》（JGJ 106–2014）第3.2.7条相关要求，验收检测时，宜先进行桩身完整性检测，后进行承载力检测。

桩身完整性检测应在基坑开挖至基底标高后进行。承载力检测时，宜在检测前、后，分别对受检桩、锚桩进行桩身完整性检测。

5. 桩静载试验受条件限制，该如何处理？

答：根据《建筑基桩检测技术规范》（JGJ 106–2014）第 3.3.7 条相关要求，对于端承型大直径灌注桩，当受设备或现场条件限制无法检测单桩竖向抗压承载力时，可选择下列方式之一，进行持力层核验：

（1）采用钻芯法测定桩底沉渣厚度，并钻取桩端持力层岩土芯样检验桩端持力层，检测数量不应少于总桩数的 10%，且不应少于 10 根；

（2）采用深层平板载荷试验或岩基平板载荷试验，检测应符合国家现行标准《建筑地基基础设计规范》（GB 50007–2011）和《建筑桩基技术规范》（JGJ 94–2008）的有关规定，检测数量不应少于总桩数的 1%，且不应少于 3 根。

6. 如果工程桩数量限定在分项工程内，如何划分检测批次？

答：根据《建筑基桩及复合地基检测技术规程》（DB21/T 1450–2015）相关内容，对以裙房或地下车库相连通的多个单体建筑所组成规模较大的单位工程，可将其能形成独立使用功能的部分作为一个子单位工程。桩基工程以分项工程单独验收。

举例说明，如某工程有 2 座建筑物，地下车库连通，应将 2 座建筑物和地下车库划分为 3 个子单位工程，每个子单位工程的桩基分项工程应单独验收。静载试验检测数量不应少于同一条件下桩基分项工程总桩数的 1%，且不应少于 3 根；当总桩数少于 50 根时，检测数量不应少于 2 根。

7. 当一种方法不能全面评价基桩完整性时采取什么办法？

答：《建筑基桩检测技术规范》（JGJ 106–2014）第 3.1.1 条、第 3.3.3 条规定，当一种方法不能全面评价基桩完整性时，应采用两种或两种以上的检测方法。桩身完整性检测方法有：低应变法、高应变法、声波透射法等。第 3.4.5 条规定，对低应变法检测中不能明确桩身完整性类别的桩或Ⅲ类桩，可根据实际情况采用静载法、钻芯法、高应变法、开挖等方法进行验证检测。

（二）主体结构工程

1. 筏板基础钢筋长向在下还是短向在下？图集与图纸不符时按什么施工？

答：根据《混凝土结构施工钢筋排布规则与构造详图》（18G901–3）相关要求，基础平板同一层面的交叉纵筋，何向钢筋在上、何向钢筋在下，应按具体设计说明。当设计未做说明时，一般遵循“短长长短”的原则，即下部钢筋短向在下、长向在上，上部钢筋反之。

2. 剪力墙水平分布钢筋放在外侧还是内侧？

答：在剪力墙设计中，水平分布钢筋主要起到抵抗平面内水平力作用，而竖向钢筋的内外侧对平面内抗弯作用没有影响，放置在外侧的水平分布钢筋可以使剪力墙的有效抗剪截面较大，有助于提高结构的抗剪性能。根据《混凝土结构工程施工规范》（GB 50666–2011）第 5.4.10 条相关要求，当设计无具体要求时，应保证主要受力构件和构件中主要受力方向的钢筋位置。所以剪力墙中水平分布钢筋宜放在外侧，并宜在墙端弯折锚固。

3. 对于弯矩较大的挡土墙构件，水平钢筋放在外侧还是内侧？

答：地下室外墙通常作为挡土墙，以及人防外墙、人防临空墙，竖向钢筋是受力钢筋，是区别于剪力墙的竖向墙体构件，依据《混凝土结构工程施工规范》（GB 50666–2011）第 5.4.8 条的条文说明，对于承受平面内弯矩较大的挡土墙等构件，竖向钢筋为主要受力钢筋，故放在外侧，水平钢筋放在内侧。

4. 钢结构焊缝无损检测的抽检比例是如何规定的?

答：依据《钢结构工程施工质量验收标准》（GB 50205-2020）第5.2.4条相关要求，对于一级焊缝应100%检测，对于二级焊缝检测比例为20%。二级焊缝检测比例的计数方法应按以下原则确定：工厂制作焊缝按照焊缝长度计算百分比，且探伤长度不小于200 mm；当焊缝长度小于200 mm时，应对整条焊缝探伤；现场安装焊缝应按照同一类型、同一施焊条件的焊缝条数计算百分比，且不应少于3条焊缝。

5. 钢结构高强度螺栓中终拧扭矩检验的时间是如何规定的?

答:依据《钢结构工程施工质量验收标准》(GB50205-2020)中第6.3.3条的条文说明，高强度螺栓终拧1 h后，螺栓预拉力的损失大部分已完成，在随后一两天内，损失趋于平稳，当超过一个月后，损失就会停止，但在外界环境影响下，螺栓扭矩系数会发生变化，影响检查结果的准确性。为了统一和便于操作，本条规定检查时间统一在1 h后、48 h内完成。

6. 强度等级≥ C50的混凝土的受冻临界强度如何确定?

答：按照《建筑工程冬期施工规程》（JGJ/T 104-2011）第6.1.1条相关要求，对于采用蓄热法、暖棚法、加热法等施工的普通混凝土，采用硅酸盐水泥、普通硅酸盐水泥配制时，其受冻临界强度不应小于设计混凝土强度等级值的30%；采用矿渣硅酸盐水泥、粉煤灰硅酸盐水泥、火山灰质硅酸盐水泥、复合硅酸盐水泥时，不应小于设计混凝土强度等级值的40%。当室外最低气温不低于-15℃时，采用综合蓄热法、负温养护法施工的混凝土受冻临界强度不应小于4.0 MPa；当室外最低气温不低于-30℃时，采用负温养护法施工的混凝土受冻临界强度不应小于5.0 MPa。对强度等级等于或高于C50的混凝土，其受冻临界强度不宜小于设计混凝土强度等级值的30%。施工单位也可根据工程实际情况，经试验确定。

7. 冬期施工时，同条件试件的留置组数有什么特殊要求？

答：按照《建筑工程冬期施工规程》（JGJ/T 104–2011）第 6.9.7 条的条文说明，混凝土抗压强度试件的留置除应按现行国家标准《混凝土结构工程施工质量验收规范》（GB 50204–2015）规定进行外，需额外增设不少于 2 组的同条件养护试件，一组用于检查混凝土受冻临界强度，而另外一组或一组以上试件用于检查混凝土负温转常温后强度检查等。

三、装饰装修专业

（一）装饰装修工程

1. 建筑地面工程属于建筑装饰装修的一部分吗？

答：属于，《建筑装饰装修工程质量验收标准》（GB 50210–2018）附录 A“建筑装饰装修工程的子分部工程、分项工程划分”中有建筑地面工程的划分，同时《建筑工程施工质量验收统一标准》（GB 50300–2013）附录 B“建筑工程的分部工程、分项工程划分”中也有建筑地面工程的划分。

2. 屋面防水层或卫生间防水层施工完成后，需要施工保护层吗？

答：防水工程的具体构造做法按照设计文件要求执行，同时按照《建筑与市政工程防水通用规范》（GB 55030–2022）第 4.4.6 条的条文说明，防水卷材、防水涂料、密封材料在温差变化、紫外线辐射、酸雨腐蚀、结构变形、人为破坏等情况下都会造成材料性能衰减，因此非外露使用的防水材料应设置保护层，以降低上述外界不利条件的影响。

3. 卫生间墙面防水层高度要求是多少？

答：按照《建筑与市政工程防水通用规范》（GB 55030–2022）第 4.6.4 条相关要求，淋浴区墙面防水层翻起高度不应小于 2000 mm，且不低于淋浴喷淋口高度。盥洗池盒等用水处墙面防水层翻起高度不应小于1200 mm。墙面其他部位泛水翻起高度不应小于250 mm。

4. 住宅卫生间门洞口防水层有什么要求?

答：按照《住宅室内防水工程技术规范》（JGJ 298–2013）第5.4.1条相关要求，楼、地面的防水层在门口处应水平延展，且向外延展长度不应小于500 mm，向两侧延展宽度不应小于200 mm。

5. 住宅卫生间防水工程完工后需要进行几次蓄水试验？蓄水试验有什么要求?

答:按照《建筑与市政工程防水通用规范》(GB 55030–2022)第6.0.12条相关要求，建筑室内工程在防水层完成后，应进行淋水、蓄水试验，并应符合下列规定：（1）楼、地面最小蓄水高度不应小于20 mm，蓄水时间不应少于24 h；（2）有防水要求的墙面应进行淋水试验，淋水时间不应小于30 min；（3）独立水容器应进行满池蓄水试验，蓄水时间不应少于24 h；（4）室内工程厕浴间楼地面防水层和饰面层完成后，均应进行蓄水试验。

6. 门窗安装工程质监报验的施工节点是在门窗与墙体缝隙填嵌前还是填嵌后?

答：按照《建筑装饰装修工程质量验收标准》（GB 50210–2018）第6.1.4条相关要求，门窗工程隐蔽项目含隐蔽部位的防腐和填嵌处理，从保障门窗工程整体施工质量的角度，建议在缝隙填嵌后报验，届时统一检查门窗固定件的安装质量和缝隙填嵌质量。

7. 塑料门窗安装工程固定点间距如何控制？铝合金门窗有何相关要求?

答：按照《建筑装饰装修工程质量验收标准》（GB 50210–2018）第6.4.2条相关要求，固定点应距窗角、中横框、中竖框150~200 mm，固定点间距不应大于 600 mm。按照《铝合金门窗工程技术规范》（JGJ 214–2010）第 7.3.1 条相关要求，铝合金门窗采用干法施工安装时，金属附框固定片安装位置应满足：角部的距离不应大于 150 mm，其余部位的固定片中心距不应大于 500 mm。

8. 建筑外窗中空玻璃需要做密封性能（露点）复验吗？

答：按照《建筑节能与可再生能源利用通用规范》（GB 55015–2021）第 6.2.3 条相关要求，门窗（包括天窗）节能工程施工采用的材料、构件和设备进场时，除核查质量证明文件、节能性能标识证书、门窗节能性能计算书及复验报告外，还应对下列内容进行复验：（1）严寒、寒冷地区门窗的传热系数及气密性能；（2）夏热冬冷地区门窗的传热系数、气密性能，玻璃的太阳得热系数及可见光透射比；（3）夏热冬暖地区门窗的气密性能，玻璃的太阳得热系数及可见光透射比；（4）严寒、寒冷、夏热冬冷和夏热冬暖地区透光、部分透光遮阳材料的太阳光透射比、太阳光反射比及中空玻璃的密封性能。因此，夏热冬冷地区和夏热冬暖地区的建筑外窗中空玻璃的太阳得热系数及可见光透射比，以及严寒、寒冷、夏热冬冷和夏热冬暖地区中空玻璃的密封性能（即露点）指标需要进行复验。

9. 吊顶工程中重型设备严禁安装在吊顶龙骨上，其中，重型设备的定义是什么？

答：按照《建筑与市政工程施工质量控制通用规范》（GB 55032–2022）第 3.3.7 条第 5 款相关要求，重量较大的灯具，以及电风扇、投影仪、音响等有振动荷载的设备仪器，不应安装在吊顶工程的龙骨上。按照《建筑装饰装修工程质量验收标准》（GB 50210–2018）第 7.1.12 条的条文说明，重型设备是指 3 kg 以上的灯具、投影仪等设备。

10. 外墙饰面砖还允许施工吗？有什么具体要求？

答：外墙饰面砖工程施工需要按照《建筑装饰装修工程质量验收标准》（GB 50210–2018）、《外墙饰面砖工程施工及验收规程》（JGJ 126–2015）等标准规范的相关要求严格执行，同时按照《外墙外保温工程技术标准》（JGJ 144–2019）第 5.1.5 条相关要求，当外墙需采用饰面砖时，应依据国家现行相关标准制定专项技术方案和验收方法，并应组织专题论证。同时注意根据住房和城乡建设部发布的《房屋建筑和市政基础设施工程危及生产安全施工工艺、设备和材料淘汰目录（第一批）》的公告，2022 年 9 月 15 日后，全面停止在新开工项目中使用目录中所列禁止的施工工艺、设备和材料。其中，“饰面砖水泥砂浆粘贴工艺”被列入淘汰目录，意味着使用现场水泥拌砂浆粘贴外墙饰面砖的施工工艺已被禁止使用，可采用水泥基粘接材料粘贴等工艺进行替代。

11. 工程中采用的干挂石材，属于幕墙工程还是饰面板工程？

答：按照《建筑装饰装修工程质量验收标准》（GB 50210–2018）第 9.1.1 条相关要求，饰面板安装工程适用高度不大于 24 m，因此对于高于 24 m 的石板安装工程不能按照饰面板工程进行质量管理，应严格按照石材幕墙等相关标准执行；对于低于 24 m 的石板安装工程或干挂石材，应按照设计文件具体内容来确定采用幕墙工艺还是饰面板工艺。

12. 幕墙工程四性检测报告可以在幕墙完工后做吗？

答：按照《建筑幕墙》（GB/T 21086–2007）第 15.2 条相关要求，幕墙的气密性能、水密性能、抗风压性能及层间变形性能检测报告属于型式检验，需要在幕墙施工前提供。

13. 开放式幕墙需要做四性检测吗？

答：按照《建筑装饰装修工程质量验收标准》（GB 50210–2018）第 11.1.2 条相关要求，幕墙工程验收时应检查封闭式幕墙的气密性能、水密性能、抗风压性能及层间变形性能检测报告，对开放式幕墙未作要求，具体项目按照设计文件要求执行。

14. 云石胶可以用作石材幕墙的结构胶吗?

答：按照《建筑幕墙》（GB/T 21086–2007）第 7.2.2.2 条相关要求，石材幕墙金属挂件与石材间粘接固定材料宜选用干挂石材用环氧胶粘剂，不应使用不饱和聚酯类胶粘剂。因此，石材幕墙金属挂件与石材间粘接固定材料应选用干挂石材用环氧胶粘剂，不得使用快干性的云石胶作为主要粘接固定材料。

15. 幕墙用石材复验指标包括抗冻性吗?

答：按照《建筑装饰装修工程质量验收标准》（GB 50210–2018）第 11.1.3 条相关要求，严寒、寒冷地区石材、瓷板、陶板、纤维水泥板和石材蜂窝板的抗冻性需要做复验。

16. 幕墙龙骨用铝材、钢材需要做进场复验吗?

答：按照《建筑装饰装修工程质量验收标准》（GB50210–2018）第 11.1.3 条相关要求，铝材、钢材主要受力杆件的抗拉强度需要做复验。

17. 幕墙龙骨体系可以全部采用刚性连接吗?

答：按照《建筑装饰装修工程质量验收标准》（GB 50210–2018）第 11.1.7 条相关要求，幕墙及其连接件应具有足够的承载力、刚度和相对于主体结构的位移能力。《金属与石材幕墙工程技术规范》（JGJ 133–2001）对建筑幕墙的定义是：由金属构架与板材组成的、不承担主体结构荷载与作用的建筑外围护结构。《玻璃幕墙工程技术规范》（JGJ 102–2003）对建筑幕墙的定义是：由支撑体系与面板组成的、可相对主体结构有一定位移能力、不分担主体结构所受作用的建筑外围护结构或装饰性结构。幕墙是整体悬挂在主体结构上、不承受主体结构荷载与作用的，因此，不建议整个幕墙体系全部采用刚性连接。

18. 如何把控外墙真石漆相容性质量指标？

答：按照《建筑装饰装修工程质量验收标准》（GB 50210-2018）第12.1.2条相关要求，涂饰工程验收时应检查材料的产品合格证、性能检验报告、有害物质限量检验报告和进场验收记录等。依据《外墙外保温工程技术标准》（JGJ 144-2019）第3.0.7条相关要求，外保温工程各组成部分应具有物理—化学稳定性。所有组成材料应彼此相容并具有防腐性。因此，真石漆应提供其相容性的质量证明文件。

19. 外窗低窗台防护高度有什么要求？

答：依据《建筑防护栏杆技术标准》（JGJ/T 470-2019）第4.2.1条相关要求，窗台的防护高度，住宅、托儿所、幼儿园、中小学校及供少年儿童独自活动的场所不应低于0.90 m，其余建筑不应低于0.80 m；住宅凸窗的可开启窗扇窗洞口底距窗台面的净高低于0.90 m时，窗洞口处的防护高度从窗台面起算不应低于0.90 m。依据《民用建筑通用规范》（GB 55031-2022）第6.5.6条相关要求，民用建筑（除住宅外）临空窗的窗台距楼地面的净高低于0.80 m时应设置防护设施，防护高度由楼地面（或可踏面）起计算不应小于0.80 m。

20. 临空处防护高度有什么要求？

答：依据《民用建筑通用规范》（GB 55031-2022）第6.6.1条相关要求，阳台、外廊、室内回廊、中庭、内天井、上人屋面及楼梯等处的临空部位应设置防护栏杆（栏板），并应符合下列规定：（1）栏杆（栏板）应以坚固、耐久的材料制作，应安装牢固，并应能承受相应的水平荷载；（2）栏杆（栏板）垂直高度不应小于1.10 m。栏杆（栏板）高度应按所在楼地面或屋面至扶手顶面的垂直高度计算，如底面有宽度大于或等于0.22 m，且高度不大于0.45 m的可踏部位，应按可踏部位顶面至扶手顶面的垂直高度计算。《托儿所、幼儿园建筑设计规范》[JGJ39-2016（2019

年版）]第 4.1.9 条规定，托儿所、幼儿园的外廊、室内回廊、内天井、阳台、上人屋面、平台、看台及室外楼梯等临空处应设置防护栏杆，防护栏杆的高度应从可踏部位顶面起算，且净高不应小于 1.30 m。《宿舍、旅馆建筑项目规范》（GB 55025–2022）第 2.0.17 条规定，开敞阳台、外廊、室内回廊、中庭、内天井、上人屋面及室外楼梯等部位临空处应设置防护栏杆或栏板，其中宿舍建筑的防护栏杆或栏板垂直净高不应低于 1.10 m，学校宿舍的防护栏杆或栏板垂直净高不应低于 1.20 m，旅馆建筑的防护栏杆或栏板垂直净高不应低于 1.20 m。

21. 玻璃幕墙夹胶玻璃固定窗可以当作防护措施吗?

答: 按照《全国民用建筑工程设计技术措施》(2009 年版)中《规划·建筑·景观分册》第 10.5.2 条相关要求，满足相关要求的夹胶玻璃固定窗可以作为防护措施采用。

（二）建筑节能工程

1. 外墙保温系统型式检验报告如何要求?

答:《外墙外保温工程技术标准》（JGJ 144–2019）第 7.2.2 条规定，外墙保温系统应有型式检验报告；第 4.0.12 条规定，外保温系统性能检验项目应为型式检验项目，型式检验报告有效期应为 2 年。《建筑节能工程施工质量验收标准》（GB 50411–2019）第 4.2.3 条规定，外墙外保温工程应采用预制构件、定型产品或成套技术，并应由同一供应商提供配套的组成材料和型式检验报告。型式检验报告中应包含耐候性和抗风压性能检验项目以及配套组成材料的名称、生产单位、规格型号及主要性能参数 [同《建筑节能与可再生能源利用通用规范》（GB 55015–2021）第 3.1.19 条规定]。

2. 岩棉板需要做燃烧性能的进场复验吗？对外墙保温材料导热系数、密度、燃烧性能指标的复验，可以出具在多份报告上吗？

答：按照《建筑节能工程施工质量验收标准》（GB 50411–2019）第4.2.2条的规定，墙体节能工程使用的材料、产品进场时，应对其下列性能进行复验，复验应为见证取样检验：

（1）保温隔热材料的导热系数或热阻、密度、压缩强度或抗压强度、垂直于板面方向的抗拉强度、吸水率、燃烧性能（不燃材料除外）；

（2）复合保温板等墙体节能定型产品的传热系数或热阻、单位面积质量、拉伸粘结强度、燃烧性能（不燃材料除外）；

（3）保温砌块等墙体节能定型产品的传热系数或热阻、抗压强度、吸水率；

（4）反射隔热材料的太阳光反射比，半球发射率；

（5）粘结材料的拉伸粘结强度；

（6）抹面材料的拉伸粘结强度、压折比；

（7）增强网的力学性能、抗腐蚀性能。

其中：导热系数（传热系数）或热阻、密度或单位面积质量、燃烧性能必须在同一个报告中。

根据上述条款要求，岩棉属于不燃材料，不需要进行燃烧性能复验。外墙保温材料导热系数、密度、燃烧性能指标的复验不能出具在多份报告中，必须在同一个报告中。

3. 现场检查保温板粘结面积时，发现破坏面在胶层，可以吗？

答：按照《建筑节能工程施工质量验收标准》（GB 50411–2019）第4.2.7条相关要求，保温板材与基层之间的拉伸粘结强度应进行现场拉拔试验，且不得在界面破坏。

4. 抹面胶浆的进场复验报告中有哪些指标？

答：按照《外墙外保温工程技术标准》（JGJ 144–2019）第 7.2.1 条相关要求，抹面胶浆的复验项目为养护 14 d 和浸水 48 h 拉伸粘结强度；按照《建筑节能工程施工质量验收标准》（GB 50411–2019）第 4.2.2 条相关要求，抹面材料应进行拉伸粘结强度、压折比的复验。因此，抹面胶浆的复验需包含拉伸粘结强度和压折比指标，对于寒冷地区，应在抹面材料质量证明文件中，重点核查其冻融试验结果是否符合该地区最低气温环境的使用要求。

5. 在冬期施工期间是否可以进行外墙保温工程施工？

答：按照《建筑工程冬期施工规程》（JGJ/T 104–2011）中关于冬期施工的定义，当室外日平均气温连续 5 d 稳定低于 5℃即进入冬期施工。同时按照《外墙外保温工程技术标准》（JGJ 144–2019）第 5.2.10 条相关要求，外保温工程施工期间的环境空气温度不应低于 5℃。5 级以上大风天气和雨天不应施工。因此，在冬期施工期间需要对施工的外墙保温工程采取必要的措施，满足外墙保温工程用胶粘剂、抹面胶浆等材料的粘结性能。由此带来的施工成本过大，施工质量也不易保证，不建议冬期施工外墙保温工程。

6. 幕墙玻璃的复验指标与门窗玻璃的复验指标有何差异？

答：《建筑节能工程施工质量验收标准》（GB 50411–2019）第 5.2.2 条规定，幕墙玻璃复验项目有可见光透射比、传热系数、遮阳系数，中空玻璃的密封性能。第 6.2.2 条规定，门窗（包括天窗）节能工程使用的材料、构件进场时，应按工程所处的气候区核查质量证明文件、节能性能标识证书、门窗节能性能计算书、复验报告，并应对下列性能进行复验，复验应为见证取样检验：

（1）严寒、寒冷地区：门窗的传热系数、气密性能；

（2）夏热冬冷地区：门窗的传热系数、气密性能，玻璃的遮阳系数、可见光透射比；

（3）夏热冬暖地区：门窗的气密性能，玻璃的遮阳系数、可见光透射比；

（4）严寒、寒冷、夏热冬冷和夏热冬暖地区：透光、部分透光遮阳材料的太阳光透射比、太阳光反射比，中空玻璃的密封性能。

7. 节能核验需要做吗?

答：《建筑节能工程施工质量验收标准》（GB 50411–2019）中未见节能核验的相关要求。

四、暖通专业

（一）给排水及采暖工程

1. 简易自动喷水灭火系统组成中是否需要安装报警阀?

答：简易自动喷水灭火系统分为：简化型简易灭火系统、通用型简易灭火系统、增压型简易灭火系统。依据《简易自动喷水灭火系统应用技术规程》（CECS 219–2007）第 2.0.4 条、第 2.0.5 条、第 2.0.6 条中的规定，除简化型简易灭火系统以外的通用型、增压型简易灭火系统，均需要设置安装报警阀。

2. 高位消防水箱需要就地设置液位显示装置吗？消防控制中心也需要设置液位显示装置吗?

答：均需设置。《消防给水及消火栓系统技术规范》（GB 50974–2014）第 4.3.9 条第 2 款规定，消防水池应设置就地水位显示装置，并应在消防控制中心或值班室等地点设置显示消防水池水位的装置，同时应有最高和最低报警水位。

第 5.2.6 条第 1 款规定，高位消防水箱的有效容积、出水、排水和水位等，应符合本规范第 4.3.8 条和第 4.3.9 条的规定。

3. 消防水泵流量、压力测试装置（压力表）必须设置吗？有什么要求？

答：分情况设置。《消防给水及消火栓系统技术规范》（GB 50974-2014）第 5.1.11 条规定，单台消防给水泵的流量不大于 20 L/s、设计工作压力不大于 0.50 MPa 时，泵组应预留测量用流量计和压力计接口，其他泵组宜设置泵组流量和压力测试装置。

第 5.1.17 条规定，消防水泵吸水管和出水管上应设置压力表，并应符合下列规定：（1）消防水泵出水管压力表的最大量程不应低于其设计工作压力的 2 倍，且不应低于 1.60 MPa；（2）消防水泵吸水管宜设置真空表、压力表或真空压力表，压力表的最大量程应根据工程具体情况确定，但不应低于 0.70 MPa，真空表的最大量程宜为 -0.10MPa；（3）压力表的直径不应小于 100 mm，应采用直径不小于 6 mm 的管道与消防水泵进出口管相接，并应设置关断阀门。

第 12.3.2 条第 8 款规定：消防水泵出水管上应安装消声止回阀、控制阀和压力表；系统的总出水管上还应安装压力表和压力开关；安装压力表时应加设缓冲装置。压力表和缓冲装置之间应安装旋塞；压力表量程在没有设计要求时，应为系统工作压力的 2 倍 ~2.5 倍。

4. 什么样的场所需要设置消防软管卷盘？

答：《建筑设计防火规范》（GB 50016-2014）第 5.3.6 条第 8 款规定：步行街两侧建筑的商铺外应每隔 30 m 设置 1 个 DN65 的消火栓，并应配备消防软管卷盘或消防水龙，商铺内应设置自动喷水灭火系统和火灾自动报警系统；每层回廊均应设置自动喷水灭火系统。步行街内宜设置自动跟踪定位射流灭火系统。

第 8.2.2 条规定，本规范第 8.2.1 条未规定的建筑或场所和符合本规范第 8.2.1 条规定的下列建筑或场所，可不设置室内消火栓系统，但宜设置消防软管卷盘或轻便消防水龙：（1）耐火等级为一、二级且可燃物较少的单、多层丁、戊类厂房（仓库）。（2）耐火等级为三、四级且建筑体积不大于 3000 m^3 的丁类厂房；耐火等级为三、四级且建筑体积不大于 5000 m^3 的戊类厂房（仓库）。（3）粮食仓库、金库、远离城镇且无人值班的独立建筑。（4）存有与水接触能引起燃烧爆炸的物品的建筑。（5）室内无生产、生活给水管道，室外消防用水取自储水池且建筑体积不大于 5000 m^3 的其他建筑。

第 8.2.4 条规定：人员密集的公共建筑、建筑高度大于 100 m 的建筑和建筑面积大于 200 m^2 的商业服务网点内应设置消防软管卷盘或轻便消防水龙。高层住宅建筑的户内宜配置轻便消防水龙。托儿所和幼儿园建筑、老年人照料设施内应设置与室内供水系统直接连接的消防软管卷盘，消防软管卷盘的设置间距不应大于 30 m。

5. 消防管道仅设置吊架不设置固定支架可以吗?

答：《消防给水及消火栓系统技术规范》（GB 50974–2014）第 12.3.20 条第 6 款规定，下列部位应设置固定支架或防晃支架：（1）配水管宜在中点设 1 个防晃支架，但当管径小于 DN50 时可不设；（2）配水干管及配水管、配水支管的长度超过 15 m，每 15 m 长度内应至少设 1 个防晃支架，但当管径不大于 DN40 可不设；（3）管径大于 DN50 的管道拐弯、三通及四通位置处应设 1 个防晃支架。

第 12.3.21 条固定：架空管道每段管道设置的防晃支架不应少于 1 个；当管道改变方向时，应增设防晃支架；立管应在其始端和终端设防晃支架或采用管卡固定。

6. 消防给水管道穿越变形缝处可以不采取补偿措施吗?

答：不可以。按照《消防给水及消火栓系统技术规范》（GB 50974-2014）第12.3.19条第6款的规定，消防给水管必须穿过伸缩缝及沉降缝时，应采用波纹管和补偿器等技术措施。

7. 生活饮用水给水泵房需要设置监控措施吗?

答：按照《建筑给水排水与节水通用规范》（GB 55020-2021）第3.3.5条的规定，生活饮用水水箱间、给水泵房应设置入侵报警系统等技防、物防安全防范和监控措施。

8. 给水、中水、排水、雨水管道有统一格式标识吗?

答：《建筑给水排水与节水通用规范》（GB 55020-2021）第8.1.9条规定，给水、排水、中水、雨水回用及海水利用管道应有不同的标识，并应符合下列规定：（1）给水管道应为蓝色环；（2）热水供水管道应为黄色环、热水回水管道应为棕色环；（3）中水管道、雨水回用和海水利用管道应为淡绿色环；（4）排水管道应为黄棕色环。

9. 报警阀水力警铃可以安装在消防泵房或湿式报警阀室内吗?

答：《自动喷水灭火系统设计规范》（GB 50084-2017）第6.2.8条规定，水力警铃的工作压力不应小于0.05 MPa，并应符合下列规定：（1）应设在有人值班的地点附近或公共通道的外墙上；（2）与报警阀连接的管道，其管径应为20 mm，总长不宜大于20 m。

《自动喷水灭火系统施工及验收规范》（GB 50261-2017）第5.4.4条规定：水力警铃应安装在公共通道或值班室附近的外墙上，且应安装检修、测试用的阀门。水力警铃和报警阀的连接应采用热镀锌钢管，当镀锌钢管的公称直径为20 mm时，其长度不宜大于20 m；安装后的水力警铃启动时，警铃声强度应不小于70 dB。

10. 自动喷水灭火系统还需要有备用喷头吗?

答: 需要。《自动喷水灭火系统设计规范》(GB 50084-2017)第6.1.10条规定: 自动喷水灭火系统应有备用洒水喷头，其数量不应少于总数的1%，且每种型号均不得少于10个。

《自动喷水灭火系统施工及验收规范》(GB 50261-2017)第8.0.9条第5款规定: 各种不同规格的喷头均应有一定数量的备用品，其数量不应小于安装总数的1%，且每种备用喷头不应少于10个。第9.0.9条规定: 自动喷水灭火系统发生故障需停水进行修理前，应向主管值班人员报告，取得维护负责人的同意，并临场监督，加强防范措施后方能动工。

11. 给水、排水管道通球试验的具体要求是什么?

答: 给水管道无通球试验要求; 排水主立管及水平干管管道均应做通球试验，通球球径不小于排水管道管径的2/3，通球率必须达到100%。当立管三通采用特殊配件时选用适宜的球径。

12. 项目竣工验收时，采暖与空调工程安装完成后应进行的检测项目受季节影响无法进行检测时，如何处理?

答: 按照《建筑节能工程施工质量验收标准》(GB 50411-2019)第17.2.1条相关要求，某个检测项目如果在工程竣工验收时可能会因受某种条件的限制(如供暖工程不在供暖期竣工或竣工时热源和室外管网工程还没有安装完毕等)而不能进行时，那么施工单位与建设单位应事先在工程(保修)合同中对该检测项目作出延期补做试运转及调试的约定。比如当采暖与空调工程安装完成，应进行的检测项目受季节影响无法进行检测时，应由建设单位委托具有相应检测资质的检测机构在保修期内补做。建设单位与检测机构签署委托检测合同时，应在合同中明确具体检测时间、确定具体检测部位，检测合同应在质量监督机构进行备案。建设单位也应与房屋买受人签署协议，将具体检测部位在协议中进行约定。如在保修期内补做的检测项目不合格时，应采取具体措施解决。

（二）通风与空调工程

1. 装饰装修后挡烟垂壁设置要注意什么？

答：要注意以下几点：项目装饰装修后因美观取消挡烟垂壁；装修吊顶挡烟垂壁高度不符合要求；敞开楼梯间开口部位未设置挡烟垂壁；防烟分区挡烟垂壁与吊顶凹凸造型交界处，未将凹凸造型处封闭或与墙柱之间留有较大缝隙，未完全封闭。

《建筑防烟排烟系统技术标准》（GB 51251–2017）第 4.2.1 条规定：设置排烟系统的场所或部位应采用挡烟垂壁、结构梁及隔墙等划分防烟分区。第 4.2.2 条规定：挡烟垂壁等挡烟分隔设施的深度不应小于本标准第 4.6.2 条规定的储烟仓厚度。对于有吊顶的空间，当吊顶开孔不均匀或开孔率小于或等于 25% 时，吊顶内空间高度不得计入储烟仓厚度。第 4.2.3 条规定：设置排烟设施的建筑内，敞开楼梯和自动扶梯穿越楼板的开口部应设置挡烟垂壁等设施。

2. 防排烟风机与风管可否采用柔性短管连接？

答：分两种情况。防排烟系统独立设置时，风机与风管采用柔性短管连接，不符合要求。只有在送风与补风、排烟与排风共用风管系统或其他特殊情况时应加设柔性短管。《通风与空调工程施工质量验收规范》（GB 50243–2016）第 5.2.7 条的条文说明规定：防排烟系统作为独立系统时，风机与风管应采用直接连接，不应加设柔性短管。只有在排烟与排风共用风管系统或其他特殊情况时应加设柔性短管。该柔性短管应满足排烟系统运行的要求，即采用在高温 280℃下持续安全运行 30 min 及以上的不燃材料。

3. 防排烟风机安装应采用抗震支架吗?

答：应该采用。根据《建筑机电工程抗震设计规范》（GB 50981-2014）第 5.1.4 的相关要求，防排烟风道、事故通风风道及相关设备应采用抗震支吊架。同时按照《建筑与市政工程抗震通用规范》（GB 55002-2021）第 5.1.12 条的规定，建筑的非结构构件及附属机电设备，其自身及与结构主体的连接，应进行抗震设防。

4. 风管穿过防火隔墙、楼板和防火墙时，风管耐火极限有要求吗?

答：《建筑防火通用规范》（GB 55037-2022）第 6.3.5 条规定：通风和空气调节系统的管道、防烟与排烟系统的管道穿过防火墙、防火隔墙、楼板、建筑变形缝处，建筑内未按防火分区独立设置的通风和空气调节系统中的竖向风管与每层水平风管交接的水平管段处，均应采取防止火灾通过管道蔓延至其他防火分隔区域的措施。

五、电气专业

（一）建筑电气工程

1.SC 管和 JDG 管是否可以混用?

答：二者在产品制造标准、施工及质量验收规范等方面均存在不同，不可混用。

（1）产品制造标准不同。

SC 管：《低压流体输送用焊接钢管》（GB/T 3091-2015）。

JDG 管：《电缆管理用导管系统 第 1 部分：通用要求》（GB/T 20041.1-2015）、《电缆管理用导管系统 第 21 部分：刚性导管的特殊要求》（GB/T 20041.21-2017）、《套接紧定式钢导管电线管路施工及验收规程》（T/CECS 120-2021）。

（2）施工及质量验收规范不同。

SC 管：《建筑电气工程施工质量验收规范》（GB 50303-2015）、《民用建筑电气设计与施工 室内布线》（08D800-6）。

JDG 管：《建筑电气工程施工质量验收规范》（GB 50303-2015）、《套接紧定式钢导管电线管路施工及验收规程》（T/CECS 120-2021）。

（3）主要区别。

①壁厚不同。

SC 管：SC 管壁厚最低为 2 mm，允许偏差为 ± 10%。

JDG 管：JDG 管壁厚最低为 1.6 mm，允许偏差为 ± 10%。

②连接方式不同。

SC 管：非镀锌且壁厚大于 2 mm 的管材可以采取套管熔焊连接或螺纹连接，非镀锌且壁厚小于等于 2 mm 和镀锌的管材，应采用螺纹连接。

JDG 管：导管连接件应采用旋压型，不应采用螺纹螺钉紧定型，且连接件壁厚应与直管相同。

2. 灯具是否需要进行复验？具体是如何规定的？

答：根据《建筑节能与可再生能源利用通用规范》（GB 55015-2021）及《建筑节能工程施工质量验收标准》（GB 50411-2019）相关规定，传统灯具（非 LED 灯具）应对照明光源初始光效、灯具镇流器能效值、灯具效率、照明设备功率、功率因数和谐波含量进行复验，LED 灯具应对灯具效能、功率、功率因数、色度参数（含色温、显色指数）进行复验。

3. 使用导线连接器有哪些要求？

答：有以下要求：（1）标称截面积 6 mm^2 及以下的铜导线；（2）导线连接器的额定连接容量与导线标称截面积相匹配；（3）安装无螺纹型连接器时，应使用专用的辅助工具；（4）防护等级应满足设计及规范要求。

4. 采用 JDG 管连接时是否需要做跨接地线?

答：金属导管，管与管、管与盒（箱）体的连接配件应选用配套部件，其连接应符合产品技术文件要求，当连接处的接触电阻值符合现行国家标准《电气安装用导管系统 第 1 部分：通用要求》（GB/T 20041.1-2005）的相关要求时，连接处可不设置保护联结导体。也就是说，必须有测试结论支持方可不做跨接地线。

5. 电源插座接线能否利用电源插座本体的接线端子进行转接供电?

答：根据《建筑电气与智能化通用规范》（GB 55024-2022）相关要求，"保护接地导体（PE）在电源插座之间不应串联连接，相线与中性导体（N）不得利用电源插座本体的接线端子转接供电"，应按照《建筑电气工程施工质量验收规范》（GB 50303-2015）相关规定进行连接，使用导线连接器时应符合现行国家标准《家用和类似用途低压电路用的连接器件》（GB 13140）相关规定。

6. 住宅建筑装有淋浴或浴盆的卫生间是否做局部等电位联结?

答：根据《住宅建筑电气设计规范》（JGJ 242-2011）和《建筑电气与智能化通用规范》（GB 55024-2022）相关要求，住宅建筑装有淋浴或浴盆的卫生间应做局部等电位联结，局部等电位联结应包括卫生间内金属给水排水管、金属浴盆、金属洗脸盆、金属采暖管、金属散热器、卫生间电源插座的 PE 线以及建筑物钢筋网，具体施工参照《民用建筑电气设计与施工 防雷与接地》（08D800-8）相关做法进行。

7. 当配电箱（柜）内设有中性导体（N）和保护接地导体（PE）母排或端子板时，配线应符合哪些规定?

答：根据《建筑电气与智能化通用规范》（GB 55024-2022）相关要求，N 母排或 N 端子板必须与金属电器安装板做绝缘隔离，PE 母排或 PE 端子板必须与金属电器安装板做电气连接；PE 线必须通过 PE 母排或 PE 端子板连接；不同回路的 N 线或 PE 线不应连接在母排同一孔上或端子上。

8. 在槽盒内敷设电缆数量有哪些规定?

答：根据《民用建筑电气设计标准》（GB 51348-2019）相关要求，槽盒内电缆的总截面积（包括外护层）不应超过槽盒内截面积的 40%，且电缆根数不宜超过 30 根；控制和信号线路可视为非载流导体，其电缆或电线的总截面积不应超过槽盒内截面积的 50%。

（二）智能建筑工程

智能检测资质取消后，智能检测是如何要求的?

答：根据《智能建筑工程质量验收规范》（GB 50339-2013）第 3.3.3 条规定，全部或部分使用财政性资金的国家机关、事业单位和团体组织的项目智能系统检测应由建设单位委托具有相关资质的专业检测机构实施 [通过智能建筑工程检测的计量（CMA）认证，取得计量认证证书或取得中国合格评定国家认可委员会（CNAS）实验室认可评审的实验室认可证书和检查机构认可证书]，其余项目智能系统检测工作对检测小组的组成无特殊要求。

（三）电梯工程

电梯安装的质量监督是否在住建部门?

答：根据住建部官方网站关于电梯行业相关解答“按照《中华人民共和国特种设备安全法》规定，电梯等特种设备的设计、制造、安装由国家质量监督检验检疫部门负责监督管理，具体问题可咨询国家质量监督检验检疫部门”之内容，电梯安装的质量监督管理在质量技术监督部门，不在住建部门。

附　录

附录 A：建筑业企业资质标准及承揽工程范围

一、建筑企业资质分类

建筑业企业资质分为施工总承包、专业承包和施工劳务三个序列。其中，施工总承包序列设有 12 个类别，一般分为 4 个等级（特级、一级、二级、三级）；专业承包序列设有 36 个类别，一般分为 3 个等级（一级、二级、三级）；施工劳务序列不设分类别和等级。

二、施工总承包工程范围

建筑工程施工总承包工程范围如表 1 所示。

表 1　　建筑工程施工总承包工程范围

工程类别	一级	二级	三级	其他
建筑工程施工总承包工程范围	一级资质可承担单项合同额 3000 万元以上的下列建筑工程的施工： ① 高度 200 m 以下的工业、民用建筑工程； ② 高度 240 m 以下的构筑物工程	二级资质可承担下列建筑工程的施工： ①高度 100 m 以下的工业、民用建筑工程； ②高度 120 m 以下的构筑物工程； ③建筑面积 40000 m^2 以下的单体工业、民用建筑工程； ④单跨跨度 39 m 以下的建筑工程	三级资质可承担下列建筑工程的施工： ①高度 50 m 以下的工业、民用建筑工程； ②高度 70 m 以下的构筑物工程； ③建筑面积 12000 m^2 以下的单体工业、民用建筑工程； ④单跨跨度 27 m 以下的建筑工程	单项合同额 3000 万元以下且超出建筑工程施工总承包二级资质承包工程范围的建筑工程的施工，应由建筑工程施工总承包一级资质企业承担

三、专业承包工程范围

（一）地基基础工程专业承包工程范围

地基基础工程专业承包工程范围如表 2 所示。

表 2　地基基础工程专业承包工程范围

工程类别	一级	二级	三级
地基基础工程专业承包工程范围	可承担各类地基基础工程的施工	可承担下列地基基础工程的施工： ①高度 100 m 以下工业、民用建筑工程和高度 120 m 以下构筑物的地基基础工程； ②深度不超过 24 m 的刚性桩复合地基处理和深度不超过 10 m 的其他地基处理工程； ③单桩承受设计载荷 5000 kN 以下的桩基础工程； ④开挖深度不超过 15 m 的基坑围护工程	可承担下列地基基础工程的施工： ①高度 50 m 以下工业、民用建筑工程和高度 70 m 以下构筑物的地基基础工程； ②深度不超过 18 m 的刚性桩复合地基处理和深度不超过 8 m 的其他地基处理工程； ③单桩承受设计载荷 3000 kN 以下的桩基础工程； ④开挖深度不超过 12 m 的基坑围护工程

（二）预拌混凝土专业承包工程范围

预拌混凝土专业承包不分等级。可生产各种强度等级的混凝土和特种混凝土。

（三）电子与智能化工程专业承包工程范围

电子与智能化工程专业承包工程范围如表 3 所示。

表 3　　电子与智能化工程专业承包工程范围

工程类别	一级	二级
电子与智能化工程专业承包工程范围	可承担各类电子工程、建筑智能化工程施工	可承担单项合同额 2500 万元以下的电子工业制造设备安装工程和电子工业环境工程以及单项合同额 1500 万元以下的电子系统工程和建筑智能化工程施工

（四）消防设施工程专业承包工程范围

消防设施工程专业承包工程范围如表 4 所示。

表 4　　消防设施工程专业承包工程范围

工程类别	一级	二级
消防设施工程专业承包工程范围	可承担各类消防设施工程的施工	可承担单体建筑面积 50000 m^2 以下的下列消防设施工程的施工： ①一类高层民用建筑以外的民用建筑； ②火灾危险性丙类以下的厂房、仓库、储罐、堆场

（五）防水防腐保温工程专业承包工程范围

防水防腐保温工程专业承包工程范围如表 5 所示。

表 5　　防水防腐保温工程专业承包工程范围

工程类别	一级	二级
防水防腐保温工程专业承包工程范围	可承担各类建筑防水、防腐保温工程的施工	可承担单项合同额 300 万元以下建筑防水工程的施工，单项合同额 600 万元以下的各类防腐保温工程的施工

（六）钢结构工程专业承包工程范围

钢结构工程专业承包工程范围如表6所示。

表6　钢结构工程专业承包工程范围

工程类别	一级	二级	三级
钢结构工程专业承包工程范围	可承担各类钢结构工程的施工	可承担下列钢结构工程的施工： ①钢结构高度100 m以下； ②钢结构单跨跨度36 m以下； ③网壳、网架结构短边边跨跨度75 m以下； ④单体钢结构工程钢结构总重量6000 t以下； ⑤单体建筑面积35000 m^2以下	可承担下列钢结构工程的施工： ①钢结构高度60 m以下； ②钢结构单跨跨度30 m以下； ③网壳、网架结构短边边跨跨度33 m以下； ④单体钢结构工程钢结构总重量3000 t以下； ⑤单体建筑面积15000 m^2以下

（七）建筑装修装饰工程专业承包工程范围

建筑装修装饰工程专业承包工程范围如表7所示。

表7　建筑装修装饰工程专业承包工程范围

工程类别	一级	二级
建筑装修装饰工程专业承包工程范围	可承担各类建筑装修装饰工程，以及与装修工程直接配套的其他工程的施工	可承担单项合同额2000万元以下建筑装修装饰工程，以及与装修工程直接配套的其他工程的施工

（八）建筑机电安装工程专业承包工程范围

建筑机电安装工程专业承包工程范围如表 8 所示。

表 8　　建筑机电安装工程专业承包工程范围

工程类别	一级	二级	三级
建筑机电安装工程专业承包工程范围	可承担各类建筑工程项目的设备、线路、管道的安装，35 KV 以下变配电站工程，非标准钢结构件的制作、安装	可承担单项合同额 2000 万元以下的各类建筑工程项目的设备、线路、管道的安装，10 KV 以下变配电站工程，非标准钢结构件的制作、安装	可承担单项合同额 1000 万元以下的各类建筑工程项目的设备、线路、管道的安装，非标准钢结构件的制作、安装

（九）建筑幕墙工程专业承包工程范围

建筑幕墙工程专业承包工程范围如表 9 所示。

表 9　　建筑幕墙工程专业承包工程范围

工程类别	一级	二级
建筑幕墙工程专业承包工程范围	可承担各类型的建筑幕墙工程的施工	可承担单体建筑工程幕墙面积 8000 m^2 以下建筑幕墙工程的施工

（十）特种工程专业承包工程范围

可承担相应的特种专业的工程的施工。

附录 B：工程监理企业资质标准及承揽工程范围

工程监理企业资质分为综合资质、专业资质两个序列。

综合资质可以承担所有专业工程类别建设工程项目的工程监理业务。专业资质共分为三个等级，具体承包范围如下：专业甲级资质可承担相应专业工程类别建设工程项目的工程监理业务；专业乙级资质可承担相应专业工程类别二级以下（含二级）建设工程项目的工程监理业务；专业丙级资质可承担相应专业工程类别三级建设工程项目的工程监理业务。具体内容见下表。

工程类别		一级	二级	三级
房屋建筑工程	一般公共建筑	28 层以上；36 m 跨度以上（轻钢结构除外）；单项工程建筑面积 30000 m^2 以上	14~28 层；24~36 m 跨度（轻钢结构除外）；单项工程建筑面积 10000~30000 m^2	14 层以下；24 m 跨度以下（轻钢结构除外）；单项工程建筑面积 10000 m^2 以下
	高耸构筑工程	高度 120 m 以上	高度 70~120 m	高度 70 m 以下
	住宅工程	小区建筑面积 120000 m^2 以上；单项工程 28 层以上	小区建筑面积 60000~120000 m^2；单项工程 14~28 层	小区建筑面积 60000 m^2 以下；单项工程 14 层以下

附录 C：勘察企业资质标准及承揽工程范围

一、资质分类

工程勘察资质分为三个序列，分别为工程勘察综合资质、工程勘察专业资质、工程勘察劳务资质。

工程勘察综合资质是指包括全部工程勘察专业资质的工程勘察资质。

工程勘察专业资质包括：岩土工程专业资质、水文地质勘察专业资质和工程测量专业资质；其中，岩土工程专业资质包括：岩土工程勘察、岩土工程设计、岩土工程物探测试检测监测等岩土工程（分项）专业资质。

工程勘察劳务资质包括：工程钻探和凿井。

二、资质分级

工程勘察综合资质只设甲级。岩土工程、岩土工程设计、岩土工程物探测试检测监测专业资质设甲、乙两个级别；岩土工程勘察、水文地质勘察、工程测量专业资质设甲、乙、丙三个级别。工程勘察劳务资质不分等级。

三、承担业务范围

（一）工程勘察综合甲级资质

承担各类建设工程项目的岩土工程、水文地质勘察、工程测量业务（海洋工程勘察除外），其规模不受限制（岩土工程勘察丙级项目除外）。

（二）工程勘察专业资质

1. 工程勘察甲级工程项目

（1）岩土工程

①具有重大意义或影响的国家重点项目。

②场地等级为一、二级，抗震设防烈度高于 8 度的强震区，存在其他复杂环境岩土工程问题的地区，以及岩土工程条件复杂的工程项目。

③按《地基基础设计规范》《岩土工程勘察规范》等有关规范规定的一级建筑物。

④需要采取特别处理措施的极软弱的或非均质地层，极不稳定的地基；建于不良的特殊性土上的大、中型项目。

⑤有强烈地下水运动干扰或有特殊要求的深基开挖工程；有特殊工艺要求的超精密设备基础工程；大型深埋过江（河）地下管线、涵洞、核废料等深埋处理，高度超过 100 m 的高耸构筑物基础，大于 100 m 的高边坡工程，特大桥、大桥、大型立交桥、大型竖井、巷道、平洞、隧道、地下铁道、地下洞室、地下储库工程，深埋工程，超重型设备，大型基础托换、基础补强工程。

⑥大深沉井、沉箱，大于 30 m 的超长桩基、墩基，特大型、大型桥基，架空索道基础。

⑦复杂程度按有关规范规程划分为中等或复杂的岩土工程设计。

⑧其他行业设计规模为大型的建设项目的工程勘察。

（2）水文地质勘察

①大、中城市规划和大、中型企业供水水源可行性研究及水资源评价；

②国家重点工程、国外投资或中外合资水源勘察和评价；

③供水量 10000 m^3/d 以上的水源工程勘察和评价；

④水文地质条件复杂的水资源勘察和评价；

⑤干旱地区、贫水地区、未开发地区水资源评价。

（3）工程测量

① 50 km^2 以上大比例尺大、中型城乡规划测量，大型线路测量，大型水上测量；

② 10 km^2 以上大比例尺大、中型工厂、矿山测量；

③ 1 km^2 以上改扩建竣工图和现状图测量，地籍测量；

④大型市政工程、线路、桥梁、隧道、交通、地铁、地下管网及建（构）筑物施工测量等工程测量；

⑤国家级重点工程、大中型国外投资和中外合资项目工程测量，整体性的三等以上平面控制测量与二等以上的高程控制测量；

⑥一、二等建（构）筑物变形测量，其他精密与特殊工程测量。

2. 工程勘察乙级工程项目

（1）岩土工程

①根据单位技术人员和设备的实际情况，仅限于岩土工程勘察、设计、测试监测（不含岩土工程咨询监理）；

②按《地基基础设计规范》《岩土工程勘察规范》等有关规范规定的二级及二级以下建筑物，中小型线路工程、岸边工程；

③场地等级为三级，但抗震设防烈度不高于 8 度的地区，没有其他复杂环境岩土工程问题的场地；

④ 20 层以下的一般高层建筑，体型复杂的 14 层以下的高层建筑，单柱承受荷载 4000 kN 以下的建筑及高度低于 100 m 的高耸建筑物；

⑤小于 30 m 长的桩基、墩基，中小型竖井、巷道、平洞、隧道、桥基、架空索道、边坡及挡土墙工程；

⑥建筑工程勘察设计资质分级标准规定的二级及以下一般公共建筑;

⑦岩土工程治理设计按有关规范规程划分复杂程度为简单的；

⑧其他行业设计规模为中型的建设项目的岩土工程。

（2）水文地质勘察

①小城市规划和中型企业供水水源可行性研究及水资源评价；

②供水量 10000 m^3/d 以下的企业与城镇供水水源勘察及评价；

③水文地质条件中等复杂的水资源勘察和评价；

④其他行业设计规模为中型的建设项目的水文地质勘察。

（3）工程测量

① 50 km^2 以下的城乡规划测量，中型线路、水上测量；

② 10 km^2 以下大比例尺小型工厂、矿山测量；

③ 1 km^2 以下工业企业改扩建竣工图及现状图测量，地籍测量；

④中型市政、线路、桥梁、隧道、地下管网及建(构)筑物施工测量与二、三级的建（构）筑物变形测量等工程测量；

⑤其他行业设计规模为中型的建设项目的工程测量。

3. 工程勘察丙级工程项目

（1）岩土工程

①只限于承担岩土工程勘察，不含岩土工程设计、咨询监理。

②按《地基基础设计规范》《岩土工程勘察规范》等有关规范规定的三级建筑场地；7 层以下的住宅建筑；小型公共建筑及小型工业厂房场地的勘察。

③岩土工程条件简单的场地勘察。

④抗震设防烈度 7 度及以下地区，无环境岩土工程问题的场地的勘察。

⑤其他行业设计规模为小型的建设项目的岩土工程勘察。

（2）水文地质勘察

①水文地质条件简单，供水量 2000 m^3/d 以下的工业企业供水水源勘察；

②其他行业设计规模为小型的建设项目的水文地质勘察。

（3）工程测量

① 5 km^2 以下小城镇规划测量、市政等工程测量；

②小面积控制测量与地形测量；

③小型建（构）筑物施工测量、地籍测量；

④其他行业设计规模为小型的建设项目的工程测量。

（三）工程勘察劳务资质

承担相应的工程钻探、凿井等工程勘察劳务业务。

附录 D：设计企业资质标准及承揽工程范围

一、资质分类

工程设计资质分为四个序列，分别为工程设计综合资质、工程设计行业资质、工程设计专业资质和工程设计专项资质。工程设计综合资质是指涵盖 21 个行业的设计资质。工程设计行业资质是指涵盖某个行业资质标准中的全部设计类型的设计资质。工程设计专业资质是指某个行业资质标准中的某一个专业的设计资质。工程设计专项资质是指为适应和满足行业发展的需求，对已形成产业的专项技术独立进行设计以及设计、施工一体化而设立的资质。

二、资质分级

工程设计综合资质只设甲级。工程设计行业资质和工程设计专业资质设甲、乙两个级别；根据行业需要，建筑、市政公用、水利、电力（限送变电）、农林和公路行业设立工程设计丙级资质，建筑工程设计专业资质设丁级。建筑行业根据需要设立建筑工程设计事务所资质。工程设计专项资质根据需要设置等级。

三、承担业务范围

设计企业承担资质证书许可范围内的工程设计业务，承担与资质证书许可范围相应的建设工程总承包、工程项目管理和相关的技术、咨询与管理服务业务。承担业务的地区不受限制。

（一）工程设计综合甲级资质

承担各行业建设工程项目的设计业务，其规模不受限制；但在承接工程项目设计时，须满足本标准(《工程设计资质标准》建市〔2007〕86号）中与该工程项目对应的设计类型对专业及人员配置的要求。

承担其取得的施工总承包（施工专业承包）一级资质证书许可范围内的工程施工总承包（施工专业承包）业务。

（二）工程设计行业资质

工程设计行业资质工程范围如表1所示。

表1　工程设计行业资质工程范围

工程类别	甲级	乙级	丙级
工程设计行业资质工程范围	承担本行业建设工程项目主体工程及其配套工程的设计业务，其规模不受限制	承担本行业中、小型建设工程项目的主体工程及其配套工程的设计业务	承担本行业小型建设项目的工程设计业务

建筑行业（建筑工程）建设项目设计规模划分表如表2所示。

表 2　　建筑行业（建筑工程）建设项目设计规模划分表

序号	建设项目	工程等级特征	大型	中型	小型
1	一般公共建筑	单体建筑工程	20000 ㎡以上	5000~20000 ㎡	≤ 5000 ㎡
		建筑高度	>50 m	24~50 m	≤ 24 m
		复杂程度	①大型公共建筑工程； ②技术要求复杂或具有经济、文化、历史等意义的省（市）级中小型公共建筑工程； ③高度 >50 m 的公共建筑工程； ④相当于四、五星级饭店标准的室内装修、特殊声学装修工程； ⑤高标准的古建筑、保护性建筑和地下建筑工程； ⑥高标准的建筑环境设计和室外工程； ⑦技术要求复杂的工业厂房	①中型公共建筑工程； ②技术要求复杂或有地区性意义的小型公共建筑工程； ③高度 24~50 m 的公共建筑工程； ④仿古建筑、一般标准的古建筑、保护性建筑以及地下建筑工程； ⑤大中型仓储建筑工程； ⑥一般标准的建筑环境设计和室外工程； ⑦跨度小于 30 m、吊车吨位小于 30 t 的单层厂房或仓库；跨度小于 12 m、6 层以下的多层厂房或仓库； ⑧相当于二、三星级饭店标准的室内装修工程	①功能单一、技术要求简单的小型公共建筑工程； ②高度 <24 m 的一般公共建筑工程； ③小型仓储建筑工程； ④简单的设备用房及其他配套用房工程； ⑤简单的建筑环境设计及室外工程； ⑥相当于一星级饭店及以下标准的室内装修工程； ⑦跨度小于 24 m、吊车吨位小于 10 t 的单层厂房或仓库；跨度小于 6 m、楼盖无动荷载的 3 层以下的多层厂房或仓库

续表

序号	建设项目	工程等级特征	大型	中型	小型
2	住宅宿舍	层数	>20 层	12~20 层	≤ 12 层（其中砌块建筑不得超过抗震规范层数限值要求）
		复杂程度	20 层以上居住建筑和 20 层及以下高标准居住建筑工程	20 层以下一般标准的居住建筑工程	
3	住宅小区工厂生活区	总建筑面积	>300000 m^2 规划设计	≤ 300000 m^2 规划设计	单体建筑按上述住宅或公共建筑标准执行
4	地下工程	地下空间（总建筑面积）	>10000 m^2	≤ 10000 m^2	
		附建式人防（防护等级）	四级及以上	五级及以下	人防疏散干道、支干道及人防连接通道等人防配套工程

（三）工程设计专业资质

工程设计专业资质工程范围如表3所示。

表3 工程设计专业资质工程范围

工程类别	甲级	乙级	丙级	丁级（限建筑工程设计）
工程设计专业资质工程范围	承担建筑工程设计项目的范围不受限制	①民用建筑：承担工程等级为二级及以下的民用建筑设计项目。 ②工业建筑：跨度不超过30 m、吊车吨位不超过30 t的单层厂房和仓库，跨度不超过12 m、6层及以下的多层厂房和仓库。 ③构筑物：高度低于45 m的烟囱，容量小于100 m^3的水塔，容量小于2000 m^3的水池，直径小于12 m或边长小于9 m的料仓	①民用建筑：承担工程等级为三级的民用建筑设计项目。 ②工业建筑：跨度不超过24 m、吊车吨位不超过10 t的单层厂房和仓库，跨度不超过6 m、楼盖无动荷载的3层及以下的多层厂房和仓库。 ③构筑物：高度低于30 m的烟囱，容量小于80 m^3的水塔，容量小于500 m^3的水池，直径小于9 m或边长小于6 m的料仓	①一般公共建筑工程： A. 单体建筑面积2000 m^2及以下； B. 建筑高度12 m及以下。 ②一般住宅工程： A. 单体建筑面积2000 m^2及以下； B. 建筑层数4层及以下的砖混结构。 ③厂房和仓库： A. 跨度不超过12 m，单梁式吊车吨位不超过5 t的单层厂房和仓库； B. 跨度不超过7.5 m，楼盖无动荷载的二层厂房和仓库。 ④构筑物： A. 套用标准通用图高度不超过20 m的烟囱； B. 容量小于50 m^2的水塔； C. 容量小于300 m^2的水池； D. 直径小于6 m的料仓

（四）工程设计专项资质

承担规定的专项工程的设计业务，具体规定见有关专项资质标准。

附录 E：施工单位人员资格相关规定

一、项目经理（注册建造师）

1. 大中型工程施工项目负责人（项目经理）必须由本专业注册建造师担任。一级注册建造师可担任大、中、小型工程施工项目负责人，二级注册建造师可以承担中、小型工程施工项目负责人。各专业大、中、小型工程分类标准按表 1 执行。

表 1　　各专业大、中、小型工程分类标准

工程类别	项目名称	单位	规模			备注
			大型	中型	小型	
一般房屋建筑工程	工业、民用与公共建筑工程	层	≥ 25	5~25	<5	层数
		米	≥ 100	15~100	<15	高度
		米	≥ 30	15~30	<15	单跨跨度
		平方米	≥ 30000	3000~30000	<3000	单体面积
	住宅小区或建筑群体工程	平方米	≥ 100000	3000~100000	<3000	建筑群面积
	其他一般房屋建筑工程	万元	≥ 3000	300~3000	<300	单项合同额

续表

工程类别	项目名称	单位	规模			备注
			大型	中型	小型	
地基与基础工程	房建地基与基础工程	层	≥ 25	5~25	<5	建筑物层数
	构筑物地基与基础工程	米	≥ 100	25~100	<25	构筑物高度
	基坑围护工程	米	≥ 8	3~8	<3	基坑深度
	软弱地基处理工程	米	≥ 13	4~13	<4	地基处理深度
	其他地基与基础工程	万元	≥ 1000	100~1000	<100	单项合同额
钢结构工程	钢结构建筑物或构筑物工程（包括轻钢结构工程）	米	≥ 30	10~30	<10	钢结构跨度
		吨	≥ 1000	100~1000	<100	总重量
		平方米	≥ 20000	3000~20000	<3000	单体建筑面积
	网架结构的制作安装	米	≥ 70	10~70	<10	网架工程边长
		吨	≥ 300	50~300	<50	总重量
		平方米	≥ 6000	200~6000	<200	单体建筑面积
	其他钢结构工程	万元	≥ 3000	300~3000	<300	单项合同额
预应力工程	各类房屋建筑预应力工程	米	≥ 30	10~30	<10	跨度
		万元	≥ 800	100~800	<100	单项合同额

2. 注册建造师不得同时担任两个及以上建设工程的项目经理。

3. 注册建造师担任项目经理期间原则上不得更换。如发生下列情形之一的，应当办理书面交接手续后更换施工项目经理：

（1）发包方与注册建造师受聘企业已解除承包合同的；

（2）发包方同意更换项目经理的；

（3）因不可抗力等特殊情况必须更换项目经理的。

建设工程合同履行期间变更项目经理的，企业应当于项目经理变更 5 个工作日内报建设行政主管部门和有关部门及时进行网上变更。

4. 注册建造师担任项目经理，在其承建的建设工程项目竣工验收或移交项目手续办结前，不得变更注册至另一企业。

5. 项目经理每月带班生产时间不得少于本月施工时间的 80%。因其他事务需离开施工现场时，应向工程项目的建设单位请假，经批准后方可离开。离开期间应委托项目相关负责人负责其外出时的日常工作。

二、技术负责人

项目技术负责人必须由与工程项目施工相适应的工程类中、高级专业技术职称人员（其中大型项目必须是高级工程师）担任。

三、质量员

1. 质量员应取得住房和城乡建设领域施工现场专业人员职业培训合格证。

2. 质量员分以下专业，并按专业承检相应工程：土建、装饰装修、设备安装等。

3. 每个单位工程质量员配备应专业齐全。

附录 F：施工项目经理质量违法违规行为记分标准

序号	违法违规行为	记分值
1	超越执业范围担任项目经理的	12
2	执业资格证书过期仍担任项目经理的	12
3	因未执行法律法规、工程建设强制性标准造成质量事故的	12
4	谎报、瞒报质量事故的	12
5	发生质量事故后故意破坏事故现场或未开展应急救援的	12
6	违反规定同时在两个或两个以上工程项目上担任项目经理的	6
7	未按照工程设计图纸和施工技术标准组织施工的	6
8	未按规定组织对涉及结构安全的试块、试件以及有关材料进行见证取样的	6
9	送检试样弄虚作假的	6
10	篡改或者伪造检测报告的	6
11	明示或暗示检测机构出具虚假检测报告的	6
12	未参加分部工程验收，或未参加单位工程和工程竣工验收的	6
13	签署虚假文件的	6
14	使用国家明令淘汰、禁止使用的危及施工安全的工艺、设备、材料的	6
15	未组织落实住房城乡建设主管部门和工程建设相关单位提出的质量问题或隐患整改要求的	6

续表

序号	违法违规行为	记分值
16	合同约定的项目经理未在岗履职的	3
17	未按规定组织对进入现场的建筑材料、构配件、设备、预拌混凝土等进行检验的	3
18	未按规定组织做好隐蔽工程验收的	3
19	特种作业人员无证上岗作业的	3
20	作业人员未经质量教育上岗作业的	3
21	未按规定配备专职质量管理人员的	1
22	未落实质量责任制的	1
23	未落实企业质量管理规章制度和操作规程的	1
24	未按规定组织编制施工组织设计或制定质量技术措施的	1
25	未组织实施质量技术交底的	1
26	未按规定在验收文件或隐患整改报告上签字，或由他人代签的	1

附录 G：监理单位人员资格相关规定

监理人员应包括总监理工程师、专业监理工程师和监理员，必要时可配备总监理工程师代表，总监理工程师应取得国家注册监理工程师注册执业证书和执业印章并在注册专业范围内进行执业。

一、总监理工程师

1. 总监理工程师由工程监理单位法定代表人书面任命；一名国家注册监理工程师，可担任一项建设工程监理合同的总监理工程师。当需要同时担任多项建设工程监理合同的总监理工程师时，应经建设单位书面同意，且最多不超过三项，并应满足《建筑施工企业负责人及项目负责人施工现场带班暂行办法》（建质〔2011〕111 号）中对监理单位施工现场带班要求的规定。

2. 总监理工程师职责：

（1）确定项目监理机构人员及其岗位职责；

（2）组织编制项目监理规划，审批项目监理实施细则，并负责管理项目监理机构的日常工作；

（3）检查和监督监理人员的工作，根据工程进度情况调配监理人员，对不称职的监理人员应调换其工作；

（4）组织召开监理例会；

（5）组织审核分包单位的资格，并提出意见；

（6）组织审查施工组织设计、（专项）施工方案；

（7）审查开、复工报审表，签发开工令、暂停令和复工令；

（8）组织检查施工单位现场质量管理体系的建立及运行情况；

（9）组织审核施工单位的付款申请，签发工程款支付证书，组织审核竣工结算；

（10）组织审查和处理工程变更；

（11）调解建设单位与施工单位的合同争议，处理工程索赔；

（12）组织验收分部工程，组织审查单位工程质量检验资料；

（13）审查施工单位的竣工申请，组织工程竣工预验收，组织编写工程质量评估报告，参与工程竣工验收。

（14）参与或配合工程质量事故的调查和处理；

（15）组织编写监理月报、监理工作总结，组织整理监理文件资料。

3. 总监理工程师不得将以下工作交由总监理工程师代表执行：

（1）组织编制监理规划，审批监理实施细则；

（2）根据工程进展及监理工作情况调配监理人员；

（3）组织审查施工组织设计、（专项）施工方案；

（4）签发工程开工令、暂停令和复工令；

（5）签发工程款支付证书，组织审核竣工结算；

（6）调解建设单位与施工单位的合同争议，处理工程索赔；

（7）审查施工单位的竣工申请，组织工程竣工预验收，组织编写工程质量评估报告，参与工程竣工验收；

（8）参与或配合工程质量事故的调查和处理。

二、总监理工程师代表

总监理工程师代表应经监理单位法定代表人同意，由总监理工程师书面授权，代表总监理工程师行使部分职责和权力，由具有工程类注册执业资格或具有中级及以上专业技术职称、三年以上工程实践经验并经监理业务培训的人员担任。总监理工程师代表的职责包括：

（1）负责总监理工程师指定或交办的监理工作；

（2）按总监理工程师的授权，行使总监理工程师的部分职责和权力。

三、专业监理工程师

专业监理工程师由总监理工程师授权，负责实施某一专业或某一岗位的监理工作，有相应监理文件签发权，由具有工程类注册执业资格或具有中级及以上专业技术职称、二年以上工程实践经验并经监理业务培训的人员担任。专业监理工程师的职责包括：

（1）参与编制监理规划，负责编制监理实施细则；

（2）负责本专业监理工作的具体实施；

（3）参与审核分包单位资格；

（4）指导、检查本专业监理员的工作，当人员需要调整时，向总监理工程师提出建议；

（5）审查施工单位提交的涉及本专业的报审文件，并向总监理工程师报告；

（6）检查进场的工程材料、构配件、设备的质量；

（7）验收检验批、隐蔽工程、分项工程，参与验收分部工程；

（8）定期向总监理工程师报告本专业监理工作实施情况，对重大问题及时向总监理工程师汇报和请示；

（9）处置发现的质量问题；

（10）参与工程变更的审查和处理；

（11）组织编写监理日志，参与编写监理月报；

（12）收集、汇总、参与整理监理文件资料；

（13）参与工程竣工预验收和竣工验收。

附录H：关于规范房屋建筑工程基桩检测的指导意见

为规范房屋建筑工程桩基检测行为，提高检测真实性，确保桩基础工程质量，按照有关规范、标准，提出桩基检测指导意见如下：

一、勘察阶段

复杂地基的一柱一桩工程，宜每柱设置勘探点，进行一桩一勘。

二、终孔验收

（一）人工挖孔桩终孔时，应逐孔进行桩底持力层检验。

（二）嵌岩灌注桩（含机械成孔灌注桩）终孔时，应用超前钻逐孔对孔底下 3 d 或 5 m 深度范围内持力层进行检验，查明是否存在溶洞、破碎带和软夹层等，并提供岩芯抗压强度试验报告。

（三）在工程勘察阶段进行了一桩一勘检测，且已探明桩底 3 d 或 5 m 深度范围内不存在溶洞、破碎带和软夹层持力层的桩基础工程，可不再对桩底持力层进行检验。

（四）桩底持力层检验不可采用物探检测方法。

（五）终孔验收如发现与勘察报告及设计文件不一致，应由设计人提出处理意见。

三、桩身完整性检测

（一）混凝土桩的桩身完整性检测应根据规范相关要求选择检测方法，当一种方法不能全面评价基桩完整性时，应采用两种或两种以上的检测方法。

（二）建筑桩基设计等级为甲级，或地基条件复杂、成桩质量可靠性较低的灌注桩工程，桩身完整性检测数量不应少于总桩数的 30%，且不应少于 20 根；其他桩基工程，检测数量不应少于总桩数的 20%，且不应少于 10 根。

（三）每个柱下承台桩身完整性检测桩数不应少于 1 根，单柱单桩应 100% 检测。

（四）大直径（桩径≥ 800 mm）嵌岩灌注桩或设计等级为甲级的大直径灌注桩，应在满足第（二）、（三）款规定的检测桩数范围内，按不少于总桩数 10% 的比例采用声波透射法或钻芯法检测。

四、承载力检测

（一）桩基础施工完成后，应采用单桩静载试验进行承载力验收检测。

（二）静载试验检测数量不应少于同一条件下桩基分项工程总桩数的 1%，且不应少于 3 根；当总桩数少于 50 根时，检测数量不应少于 2 根。

（三）第（二）款中同一条件是指：地基条件、桩长相近，桩底持力层、桩型、桩径、成桩工艺相同。

（四）桩基础承载力验收检测的工程桩数量限定在分项工程内，如某工程有 2 座建筑物，地下车库连通，应将 2 座建筑物和地下车库划分为 3 个子单位工程，每个子单位工程的桩基分项工程应单独验收。

（五）对于端承型大直径灌注桩，当受设备或现场条件限制确实无法进行单桩竖向抗压承载力静载检测时，经工程建设各方共同确认后可按照规范要求选择钻芯法等检测方法进行持力层核验。

五、相关要求

（一）桩基础检测单位应在检测前编制检测方案，会同工程建设各方共同确定检测方法、检测数量和抽检桩号等内容，应在工程建设各方确认检测方案后才可进行检测工作。

（二）在满足桩基础检测抽样数量要求的前提下，抽检桩的选取应均匀随机分布，且应优先选取施工质量有疑问的桩、局部地基条件出现异常的桩、设计方认为重要的桩、施工工艺不同的桩。

（三）桩基础验收检测时，应先进行桩身完整性检测，后进行承载力验收检测，承载力验收检测应优先选择完整性检测中有缺陷的桩。

（四）桩基础验收批次检测合格后，该批次桩基础才可进行下道工序施工。

（五）当桩基础检测结果不满足设计要求时，应分析原因并扩大检测，验证检测或扩大检测采用的方法和检测数量应得到工程建设各方的确认。

（六）桩基础检测单位检测完成后应根据检测结果在检测报告中给出所检单位工程同一条件下桩基础是否满足设计和相关规范要求的结论。

桩基础检测工作除严格按照本指导意见执行外，还应符合国家现行有关标准的规定。

附录I：装配式混凝土结构工程质量监管要点

一、基本要求

（一）建设单位应做好设计、施工总包、监理、构件生产等参建各方在施工进度及工作配合上的协调工作。

（二）建设单位应按有关规定将装配式结构施工图设计文件送审查机构审查，当施工图设计文件有与结构安全、使用功能相关的重大变更时，需送原审查机构重新审查，并说明变更的原因和内容，审查合格后方可实施。

（三）建设工程实施监理的，建设单位应委托监理单位对预制构件的生产环节进行驻厂监理，并支付相应的监理费用。

（四）施工单位应针对工程实际情况制定施工组织设计和施工方案，并按规定履行审批手续。施工方案的内容应包括构件安装及节点施工方案、构件安装的质量管理及措施等。

（五）监理单位应严格审查施工组织设计和施工方案，并根据施工组织设计、施工方案以及驻厂监理的预制构件编制可操作性的监理规划和专项监理细则，明确监理的关键环节、关键部位及旁站巡视等要求。

（六）检测机构必须严格按照有关法律、法规、规章和标准、规范对装配式混凝土结构工程开展检测工作，出具检测报告，应当对其检测数据和检测报告的真实性和准确性承担相应法律责任。

（七）质量监督机构应加大对施工现场装配式混凝土结构工程质量

的监督检查力度，并对关键部位和关键工序进行监督抽检。

二、预制构件生产

（一）生产单位应具备相应的生产工艺设施、完善的质量管理体系和必要的试验检测手段。

（二）生产单位应根据审查合格的施工图设计文件进行预制构件的加工图设计，并应经原施工图设计单位审核确认。

（三）预制构件制作前，生产单位应对其技术要求和质量标准进行技术交底，并制定生产方案。生产方案应包括生产工艺、模具方案、生产计划、技术质量控制措施、成品保护、堆放及运输方案等内容。生产方案按规定履行审批手续后方可实施。

（四）生产单位应加强预制构件生产过程中的质量控制，并根据规范标准加强对用于预制混凝土构件生产的混凝土、保温材料、预留预埋部件、连接件等重要原材料及构件性能等的检验，监理单位应检查相应的质量证明文件，并对原材料进行见证取样检验。

（五）预制结构构件采用钢筋套筒灌浆连接时，应在构件生产前进行钢筋套筒灌浆连接接头的抗拉强度试验，每种规格的连接接头试件数量不应少于 3 个。

（六）构件制作过程中，监理单位应对混凝土浇筑、防水层细部构造处理等关键部位、关键工序进行旁站，并在混凝土浇筑前进行预制构件的隐蔽工程检查，并留存影像资料，检查项目应符合规范和设计的相关要求。

（七）预制构件应按设计要求和现行国家标准《混凝土结构工程施工质量验收规范》（GB 50204-2015）的有关规定进行结构性能检验。

（八）预制构件的外观质量不应有严重缺陷，且不宜有一般缺陷。

对已出现的一般缺陷，应按技术方案进行处理，并应重新检验。

（九）预制构件检查合格后，应在构件上设置表面标识。标识内容宜包括构件编号、制作日期、合格状态、生产单位等信息。

三、预制构件进场验收

（一）施工、监理单位应加大对进场预制构件质量的检查力度，产品合格证、混凝土强度检验报告等质量证明文件及预制构件制作过程中的质量验收记录应齐全完整；预制构件的显著位置应有标识，标识应清晰、可靠。

（二）进场时，应对预制构件的外观质量进行全数检查，不应有严重缺陷，且不应有影响结构性能和安装、使用功能的尺寸偏差；预制构件上的预埋件、预留插筋、预埋管线等的规格和数量以及预留孔、预留洞的数量、粗糙面的质量、键槽的数量应符合设计要求。

（三）梁板类简支受弯预制构件或设计有专门要求的预制构件进场时应按照规范和设计要求进行结构性能检验。检验应在施工、监理等单位的见证下共同委托有资质的检测机构进行。

（四）对于未进行驻厂监理的预制构件，进场时应对其主要受力钢筋数量、规格、间距、保护层厚度及混凝土强度等进行实体检验。

四、现场连接与安装

（一）施工单位施工前宜选择有代表性的单元进行预制构件试安装，并应根据试安装结果及时调整完善施工方案和施工工艺。

（二）预制构件的安装与连接施工质量除符合《混凝土结构工程施工质量验收规范》（GB 50204–2015）和《装配式混凝土结构技术规程》（JGJ 1–2014）外，还应符合现行有关标准的规定。

（三）未经设计允许不得对预制构件进行切割、开洞。

（四）施工单位应对注浆作业制定专项施工方案，对注浆作业实行视频影像管理，影像资料必须齐全、完整，由建设单位、施工单位及监理单位各自存档。监理单位以旁站形式加强对注浆作业的监督检查，确保注浆作业质量。

（五）从事注浆作业人员必须经专门机构培训，培训合格取得上岗证方可进行注浆作业，岗前未经培训或培训不合格的，严禁注浆作业。

（六）钢筋套筒灌浆前，应在现场模拟构件连接接头的灌浆方式，每种规格钢筋应制作不少于 3 个套筒灌浆连接接头，进行灌注质量以及接头抗拉强度的检验；经检验合格后，方可进行灌浆作业。

（七）采用钢筋套筒灌浆连接、钢筋浆锚搭接连接的预制构件就位前，应重点检查套筒、预留孔的规格、位置、数量和深度及被连接钢筋的规格、数量、位置和长度；当套筒、预留孔内有杂物时，应清理干净；当连接钢筋倾斜时，应进行校直。连接钢筋偏离套筒或孔洞中心线不宜超过 5 mm。

（八）钢筋套筒灌浆连接接头、钢筋浆锚搭接连接接头应按检验批划分要求及时灌浆，灌浆作业应符合国家现行有关标准及施工方案的要求，并应符合下列规定：

1. 灌浆施工时，环境温度不应低于 5℃；当连接部位养护温度低于 10℃时，应采取加热保温措施；

2. 灌浆操作全过程应有专职检验人员负责旁站监督并及时形成施工质量检查记录；

3. 应按产品使用说明书的要求计量灌浆料和水的用量，并搅拌均匀；每次拌制的灌浆料拌合物应进行流动度的检测，且其流动度应满足本规程的规定；

4. 灌浆作业应采用压浆法从下口灌注，当浆料从上口流出后应及时封堵，必要时可设分仓进行灌浆；

5. 灌浆料拌合物应在制备后 30 min 内用完。

（九）装配式结构的后浇混凝土部位在浇筑前应进行隐蔽工程验收，验收项目应符合《混凝土结构工程施工质量验收规范》（GB 50204-2015）和《装配式混凝土结构技术规程》（JGJ 1-2014）等规范标准的相关要求。

（十）施工单位应在监理单位见证下按照规范规定的检验批要求对后浇混凝土、连接用灌浆料、剪力墙底部接缝坐浆料等留置标准养护试件并进行抗压强度试验。

（十一）预制构件采用焊接连接时，钢材焊接的焊缝尺寸应满足设计要求，焊缝质量应符合现行国家标准《钢结构焊接规范》（GB 50661-2011）和《钢结构工程施工质量验收规范》（GB 50205-2020）的有关规定；预制构件采用螺栓连接时，螺栓的材质、规格、拧紧力矩应符合设计要求及现行国家标准《钢结构设计规范》（GB 50017-2003）和《钢结构工程施工质量验收规范》（GB 50205-2020）的有关规定。

（十二）外墙板接缝的防水性能应符合设计要求，施工时应按设计要求进行选材和施工，并采取现场淋水试验，检查背水面有无渗漏。

五、质量验收

（一）装配式结构施工后，其外观质量不应有严重缺陷及影响结构性能和安装、使用功能的尺寸偏差。

（二）对涉及预制混凝土结构安全的重要部位应在监理工程师见证、施工项目技术负责人组织下委托有资质的检测机构进行结构实体检验，其中混凝土强度、钢筋保护层厚度检验可按下列规定执行：进场时未进行结构性能检验的预制构件部位及后浇混凝土结构按照现浇混凝土结构进行检验；进场时已进行结构性能检验的预制构件部分可不进行检验。

（三）装配式混凝土建筑主体结构验收可分段实施，分段内结构子分部工程验收合格且结构实体检验合格后，方可进行建筑装饰装修和机电设备安装。

（四）装配式混凝土结构验收时，除应按现行国家标准《混凝土结构工程施工质量验收规范》（GB 50204–2015）的要求提供文件和记录外，还应提供下列文件和记录：

1. 工程设计文件、预制构件制作和安装的深化设计图；

2. 预制构件、主要材料及配件的质量证明文件、进场验收记录、抽样复验报告；

3. 预制构件安装施工记录；

4. 钢筋套筒灌浆、浆锚搭接连接的施工检验记录；

5. 钢筋接头的试验报告；

6. 后浇混凝土部位的隐蔽工程检查验收文件；

7. 后浇混凝土、灌浆料、坐浆材料强度检测报告；

8. 外墙防水施工质量检验记录；

9. 外墙保温、防水等功能性检测报告；

10. 装配式结构分项工程质量验收文件；

11. 结构实体检验记录；

12. 装配式工程的重大质量问题的处理方案和验收记录；

13. 构件生产过程中的质量控制资料（含监造控制资料）、混凝土构件连接灌浆的影像资料等文件。

14. 装配式工程的其他文件和记录。

附录 J：《建筑设计防火规范》（GB 50016—2014）（2018 年版）中民用建筑外保温相关防火规定

设置人员密集场所的建筑； 独立建造的老年人照料设施； 与其他建筑组合建造且老年人照料设施部分的总建筑面积大于 500 m^2 的老年人照料设施		A 级
住宅	100 m< 高度	A 级
	27 m< 高度≤ 100 m	不低于 B1 级
	高度≤ 27 m	不低于 B2 级
其他	50 m< 高度	A 级
	24 m< 高度≤ 50 m	不低于 B1 级
	高度≤ 24 m	不低于 B2 级
有空腔	24 m< 高度	A 级
	高度≤ 24 m	不低于 B1 级
屋面	1.00 h ≤屋面板耐火极限	不低于 B2 级
	屋面板耐火极限 <1.00 h	不低于 B1 级

注：

1. 当建筑的外墙外保温系统采用燃烧性能为 B1 或 B2 级保温材料时，应在保温系统中每层设置水平防火隔离带。防火隔离带应采用燃烧性能为 A 级的材料，防火隔离带的高度不应小于 300 mm。

2. 当建筑的屋面和外墙外保温系统均采用 B1 或 B2 级保温材料时，屋面与外墙之间应采用宽度不小于 500 mm 的不燃材料设置防火隔离带进行分隔。

附录 K：竣工验收监督检查要点

序号	监督内容	验收要求
1. 外窗	低窗安全设施	《建筑防护栏杆技术标准》（JGJ/T 470–2019）第 4.2.1 条规定，窗台的防护高度，住宅、托儿所、幼儿园、中小学校及供少年儿童独自活动的场所不应低于 0.90 m，其余建筑不应低于 0.80 m；住宅凸窗的可开启窗扇窗洞口底距窗台面的净高低于 0.90 m 时，窗洞口处的防护高度从窗台面起算不应低于 0.90 m。 《民用建筑通用规范》（GB 55031–2022）第 6.5.6 条规定，民用建筑（除住宅外）临空窗的窗台距楼地面的净高低于 0.80 m 时应设置防护设施，防护高度由楼地面（或可踏面）起计算不应小于 0.80 m
2. 栏杆	栏杆高度不够	《民用建筑通用规范》（GB 55031–2022）第 6.6.1 条规定，阳台、外廊、室内回廊、中庭、内天井、上人屋面及楼梯等处的临空部位应设置防护栏杆（栏板），并应符合下列规定：（1）栏杆（栏板）应以坚固、耐久的材料制作，应安装牢固，并应能承受相应的水平荷载；（2）栏杆（栏板）垂直高度不应小于 1.10 m。栏杆（栏板）高度应按所在楼地面或屋面至扶手顶面的垂直高度计算，如底面有宽度大于或等于 0.22 m，且高度不大于 0.45 m 的可踏部位，应按可踏部位顶面至扶手顶面的垂直高度计算。

续表

序号	监督内容	验收要求
2. 栏杆	栏杆高度不够	《托儿所、幼儿园建筑设计规范》[JGJ 39–2016（2019 年版）]第 4.1.9 条规定，托儿所、幼儿园的外廊、室内回廊、内天井、阳台、上人屋面、平台、看台及室外楼梯等临空处应设置防护栏杆，防护栏杆的高度应从可踏部位顶面起算，且净高不应小于 1.30 m。 《宿舍、旅馆建筑项目规范》（GB 55025–2022）第 2.0.17 条规定，开敞阳台、外廊、室内回廊、中庭、内天井、上人屋面及室外楼梯等部位临空处应设置防护栏杆或栏板，其中宿舍建筑的防护栏杆或栏板垂直净高不应低于 1.10 m，学校宿舍的防护栏杆或栏板垂直净高不应低于 1.20 m，旅馆建筑的防护栏杆或栏板垂直净高不应低于 1.20 m
	栏杆垂直杆件间净距过大	《住宅设计规范》（GB 50096–2011）第 5.6.2 条规定，阳台栏杆设计必须采用防止儿童攀登的构造，栏杆的垂直杆件间净距不应大于 0.11 m
3. 楼梯	楼梯宽度	《民用建筑通用规范》（GB 55031–2022）第 5.3.5 条规定，当梯段改变方向时，楼梯休息平台的最小宽度不应小于梯段净宽，并不应小于 1.20 m；当中间有实体墙时，扶手转向端处的平台净宽不应小于 1.30 m。直跑楼梯的中间平台宽度不应小于 0.90 m
	楼梯踏步	《民用建筑通用规范》（GB 55031–2022）第 5.3.8 条规定，公共楼梯每个梯段的踏步级数不应少于 2 级，且不应超过 18 级。 《住宅设计规范》（GB 50096–2011）第 6.3.2 条规定，楼梯踏步宽度不应小于 0.26 m，踏步高度不应大于 0.175 m

续表

序号	监督内容	验收要求
3. 楼梯	楼梯净高	《民用建筑通用规范》（GB 55031-2022）第 5.3.7 条规定，公共楼梯休息平台上部及下部过道处的净高不应小于 2.00 m，梯段净高不应小于 2.20 m
	楼梯安全措施	《民用建筑通用规范》（GB 55031-2022）第 5.3.4 条规定，公共楼梯应至少于单侧设置扶手，梯段净宽达 3 股人流的宽度时应两侧设扶手。第 5.3.11 条规定，当少年儿童专用活动场所的公共楼梯井净宽大于 0.20 m 时，应采取防止少年儿童坠落的措施
4. 玻璃	安全玻璃使用	《建筑安全玻璃管理规定》（发改运行〔2003〕2116 号）第六条规定，建筑物需要以玻璃作为建筑材料的下列部位必须使用安全玻璃：（一）7 层及 7 层以上建筑物外开窗；（二）面积大于 1.5 m^2 的窗玻璃或玻璃底边离最终装修面小于 500 mm 的落地窗；（三）幕墙（全玻幕墙除外）；……（七）楼梯、阳台、平台走廊的拦板和中庭内拦板；……（十）公共建筑的出入口、门厅等部位；（十一）易遭受撞击、冲击而造成人体伤害的其他部位。 《建筑防护栏杆技术标准》（JGJ/T 470-2019）第 3.0.2 条规定，建筑防护栏杆用玻璃应采用夹层玻璃，且应进行磨边和倒棱，磨边宜细磨，倒棱宽度不宜小于 1 mm
	落地玻璃采用安全设施	《建筑玻璃应用技术规程》（JGJ 113-2015）第 7.3.2 条规定，根据易发生碰撞的建筑玻璃所处的具体部位，可采取在视线高度设醒目标志或设置护栏等防碰撞措施。碰撞后可能发生高处人体或玻璃坠落的，应采用可靠护栏

续表

序号	监督内容	验收要求
5. 计量表	住宅水、热、电计量表安装	《住宅设计规范》（GB 50096–2011）第 8.1.4 条规定，住宅计量装置的设置应符合下列规定：（1）各类生活供水系统应设置分户水表；（2）设有集中采暖（集中空调）系统时，应设置分户热计量装置；（3）设有供电系统时，应设置分户电能表
6. 使用功能	水、电专业各末端设施安装	《房屋建筑和市政基础设施工程竣工验收规定》（建质〔2013〕171 号）第五条规定，工程符合下列要求方可进行竣工验收：（一）完成工程设计和合同约定的各项内容……
	使用功能缺陷	《中华人民共和国建筑法》第六十条规定，建筑工程竣工时，屋顶、墙面不得留有渗漏、开裂等质量缺陷；对已发现的质量缺陷，建筑施工企业应当修复

附录 L: 建设工程质量保证金管理办法

建质〔2017〕138 号

第一条 为规范建设工程质量保证金管理，落实工程在缺陷责任期内的维修责任，根据《中华人民共和国建筑法》《建设工程质量管理条例》《国务院办公厅关于清理规范工程建设领域保证金的通知》《基本建设财务管理规则》等相关规定，制定本办法。

第二条 本办法所称建设工程质量保证金（以下简称保证金）是指发包人与承包人在建设工程承包合同中约定，从应付的工程款中预留，用以保证承包人在缺陷责任期内对建设工程出现的缺陷进行维修的资金。

缺陷是指建设工程质量不符合工程建设强制性标准、设计文件，以及承包合同的约定。

缺陷责任期一般为 1 年，最长不超过 2 年，由发、承包双方在合同中约定。

第三条 发包人应当在招标文件中明确保证金预留、返还等内容，并与承包人在合同条款中对涉及保证金的下列事项进行约定：

（一）保证金预留、返还方式；

（二）保证金预留比例、期限；

（三）保证金是否计付利息，如计付利息，利息的计算方式；

（四）缺陷责任期的期限及计算方式；

（五）保证金预留、返还及工程维修质量、费用等争议的处理程序；

（六）缺陷责任期内出现缺陷的索赔方式；

（七）逾期返还保证金的违约金支付办法及违约责任。

第四条　缺陷责任期内，实行国库集中支付的政府投资项目，保证金的管理应按国库集中支付的有关规定执行。其他政府投资项目，保证金可以预留在财政部门或发包方。缺陷责任期内，如发包方被撤销，保证金随交付使用资产一并移交使用单位管理，由使用单位代行发包人职责。

社会投资项目采用预留保证金方式的，发、承包双方可以约定将保证金交由第三方金融机构托管。

第五条　推行银行保函制度，承包人可以银行保函替代预留保证金。

第六条　在工程项目竣工前，已经缴纳履约保证金的，发包人不得同时预留工程质量保证金。

采用工程质量保证担保、工程质量保险等其他保证方式的，发包人不得再预留保证金。

第七条　发包人应按照合同约定方式预留保证金，保证金总预留比例不得高于工程价款结算总额的3%。合同约定由承包人以银行保函替代预留保证金的，保函金额不得高于工程价款结算总额的3%。

第八条　缺陷责任期从工程通过竣工验收之日起计。由于承包人原因导致工程无法按规定期限进行竣工验收的，缺陷责任期从实际通过竣工验收之日起计。由于发包人原因导致工程无法按规定期限进行竣工验收的，在承包人提交竣工验收报告90天后，工程自动进入缺陷责任期。

第九条　缺陷责任期内，由承包人原因造成的缺陷，承包人应负责维修，并承担鉴定及维修费用。如承包人不维修也不承担费用，发包人可按合同约定从保证金或银行保函中扣除，费用超出保证金额的，发包人可按合同约定向承包人进行索赔。承包人维修并承担相应费用后，不免除对工程的损失赔偿责任。

由他人原因造成的缺陷，发包人负责组织维修，承包人不承担费用，且发包人不得从保证金中扣除费用。

第十条 缺陷责任期内，承包人认真履行合同约定的责任，到期后，承包人向发包人申请返还保证金。

第十一条 发包人在接到承包人返还保证金申请后，应于14天内会同承包人按照合同约定的内容进行核实。如无异议，发包人应当按照约定将保证金返还给承包人。对返还期限没有约定或者约定不明确的，发包人应当在核实后14天内将保证金返还承包人，逾期未返还的，依法承担违约责任。发包人在接到承包人返还保证金申请后14天内不予答复，经催告后14天内仍不予答复，视同认可承包人的返还保证金申请。

第十二条 发包人和承包人对保证金预留、返还以及工程维修质量、费用有争议的，按承包合同约定的争议和纠纷解决程序处理。

第十三条 建设工程实行工程总承包的，总承包单位与分包单位有关保证金的权利与义务的约定，参照本办法关于发包人与承包人相应权利与义务的约定执行。

第十四条 本办法由住房城乡建设部、财政部负责解释。

第十五条 本办法自2017年7月1日起施行，原《建设工程质量保证金管理办法》（建质〔2016〕295号）同时废止。